KB236711

DNA 연구의 선구자들

DNA Pioneers and Their Legacy

전파과학사는 독자 여러분의 책에 관한 아이디어와 원고를 기다리고 있습니다. 디아스포라는 전파과학사의 임프린트로 종교(기독교), 경제·경영서, 일반 문학 등 다양한 장르의 국내 도서와 해외 번역서를 준비하고 있습니다. 출간을 희망하는 원고의 개요와 투고 취지, 연락처 등을 아래 이메일로 보내 주세요.

DNA 연구의 선구자들

초판 1쇄 2000년 05월 15일
개정 1쇄 2026년 03월 03일

지 은 이 울프 라게르크비스트
옮 긴 이 한국유전학회
발 행 인 손동민
디 자 인 강민영

펴낸 곳 전파과학사
출판등록 1956. 7. 23 제 10-89호
주   소 서울시 서대문구 증가로18, 204호
전   화 02-333-8877(8855)
팩   스 02-334-8092
이 메 일 chonpa2@hanmail.net
공식 블로그 http://blog.naver.com/siencia

ISBN 979-11-94832-49-2 (03470)

• 이 책은 저작권법에 따라 보호받는 저작물이므로 무단 전재와 무단 복제를 금지하며, 책 내용의 전부 또는 일부를 이용하려면 반드시 저작권자와 전파과학사의 서면 동의를 받아야 합니다.
• 파본은 구입처에서 교환해 드립니다.

DNA
연구의 선구자들
DNA Pioneers and Their Legacy

울프 라게르크비스트 지음

한국유전학회 옮김

전파과학사

DNA Pioneers and Their Legacy

© 1998 by Ulf Lagerkvist

YALE UNIVERSITY PRESS

23 Pond Street, London NW3 2PN, United Kingdom

All rights reserved.

본 저작물은 YALE UNIVERSITY PRESS와 정식 계약으로 출간하였습니다.

한국어판 저작권은 전파과학사에 있으므로 무단 복제 및 전제를 금합니다.

1953년 왓슨과 크릭에 의한 DNA 이중나선 구조의 발견으로 시작된 분자유전학의 탄생은 생명 현상 연구에 분자론적 해석의 실마리를 제공함으로써 생명과학의 급진적인 발전을 가져왔으며, 바야흐로 21세기는 생명과학의 시대가 전개될 것이라는 데 의문을 가지는 사람은 아무도 없을 것이다. 이런 시점에서 울프 라게르크비스트(Ulf Lagerkvist)의 저서인 『DNA Pioneers and Their Legacy』의 번역판을 『DNA 연구의 선구자들』이란 제목으로 본 학회의 총서로 발간하게 됨을 유전학회 모든 회원과 함께 기쁘게 생각한다. 이 책은 분자유전학이란 새로운 학문 분야가 발전하기까지 선구적인 역할을 해 온 과학자들의 학구적 자세와 사고 및 인간적 고뇌에 얽힌 뒷이야기들을 수필 형식으로 서술한 것이다.

지금의 젊은이들은 대체로 과학적인 지식을 얻기만 할 뿐 그 학문의 역사적인 배경이나 학문적인 발전에 기여한 사람들에 대해서는 별로 관심을 두지 않는다. 이 책에서는 과학적인 사실뿐만 아니라, 이 학문의 발전에 기여한 과학자들의 훌륭한 업적과 그들의 인간적인 면면 그리고 젊은 사람들로 하여금 학문에 몰두하게 만드는 영향력 있는 지도자들의 인격 등을 다룸으로써, 이 책을 통해 독자들 특히 과학에 관심을 두는 젊은이들이 생명과학에 심취할 수 있는 계기를 마련하고자 기대한다.

　본 번역서의 출판 사업을 위해 기획 단계에서부터 출판에 이르기까지 후진을 위한 마음으로 봉사하신 박은호 출판위원장, 정영란 출판운영위원, 그리고 자원봉사로 번역을 해 주신 회원들께 감사드린다. 또 이 책의 출판이 가능하도록 힘써 주신 전파과학사 사장님과 관계자 여러분께도 감사드린다.

2000년 2월 29일

한국유전학회 회장

경북대학교 자연과학대학 생명과학부 교수 강신성

이 책의 원저는 저명한 핵산생화학자인 스웨덴 예테보리(Göteborgs) 대학교의 울프 라게르크비스트 교수가 저술한『DNA Pioneers and Their Legacy』이다. 20세기의 생명과학뿐만 아니라 자연과학에 혁명을 일으킨 DNA의 발견과 DNA 본질의 규명 과정을 역사적으로 조명한 역작으로서 1998년에 예일대학교 출판부(Yale University Press)에서 출판했다.

한국유전학회에서는 모든 생명 현상의 밑바탕이 되는 DNA가 어떤 과정을 거쳐서 발견되었고, 이 과정에서 청춘을 불태운 선구자들의 노력과 고뇌가 어떠했는지를 후학에 일깨울 필요가 있다고 판단해 이를 한국유전학회 총서로 번역 출판하게 되었다. 학회의 방침에 따라서 16명의 회원이 분담해 번역한 후 내용의 통일성을 위해 이를 출판위원회에서 가필 정정하였다. 모든 생물학 용어는『교육부 편수 자료』와 한국생물과학협회에서 지난 5년간 심의 제정해 2000년 1월에 출판한『생물학 용어집』에 따랐다.

2000년 3월 1일
한국유전학회 출판위원장
한양대학교 자연과학대학 생물학과 교수 박은호

번역자 명단(가나다순)

김경진 교수(서울대학교 생명과학부)

김　욱 교수(단국대학교 자연과학대학 생물학과)

김원선 교수(서강대학교 이과대학 생명과학과)

김철근 교수(한양대학교 자연과학대학 생물학과)

김현섭 교수(공주대학교 사범대학 생물교육학과)

남궁용 교수(강릉대학교 자연과학대학 생물학과)

박은호 교수(한양대학교 자연과학대학 생물학과)

서동상 교수(성균관대학교 생명자원과학대학 유전공학과)

송은숙 교수(숙명여자대학교 이과대학 생물학과)

안주홍 교수(광주과학기술원 생명과학과)

엄경일 교수(동아대학교 자연과학대학 생물학과)

이영섭 교수(경북대학교 자연과학대학 생화학과)

전상학 교수(건국대학교 이과대학 생물학과)

정영란 교수(이화여자대학교 사범대학 생물교육학과)

조철오 교수(한국과학기술원 생물과학과)

최준호 교수(한국과학기술원 생물과학과)

편집진

출판위원장

박은호 교수(한양대학교 자연과학대학 생물학과)

출판간사

정영란 교수(이화여자대학교 사범대학 생물교육학과)

차례

DNA Pioneers and
Their Legacy

저자가 1940년대 말에 처음으로 핵산에 관한 책을 출간했을 때만 해도, 20세기 후반에 핵산에 관한 연구가 이토록 빠른 속도로 발전하리라고는 상상하지 못했다. 그때 나는 비록 핵산을 연구하는 학자의 수는 적지만 이 분야가 확실히 발전하고 있구나 하는 느낌을 받았다. 그러나 오늘날 이렇게 수많은 과학자가 핵산 분야에서 연구하게 되리라고는 당시에는 상상도 하지 못했다. 당시에는 그 양이 별로 많지 않아, 핵산 연구와 관련된 연구 논문을 그때그때 읽어 보는 것이 어렵지 않았다. 그러나 요즈음은 그 양이 엄청나게 많아서 핵산에 관련된 논문을 모두 소화해 내기란 거의 불가능하다. 프리드리히 미셔, 알브레히트 코셀 같은 핵산 연구 분야 선두 주자들의 빛나는 업적도 최근에 이룩한 핵산 연구의 눈부신 발전 속에서 그 광채를 보존하기 어렵게 되었다.

옛날의 화려했던 과학적 업적이 자꾸 잊혀 간다는 사실은 오늘날 과학이 당장 해결해야 할 어려운 문제들을 생각한다면 하찮은 일이겠지만, 그래도 그 의미를 반추해 볼 가치가 있다고 생각한다. 100여 년 전 새로운 생명과학 분야에서 혼신의 힘을 다해 탐구했던 과학자들의 이름은 지금은 반쯤 잊힌 채 중고등학교 교과서에서나 그 이름이 오르내릴 뿐, 요즈음 분자생물학자나 핵산생화학자들에게 전혀 관심의 대상이 되지 못하고 있다. 그렇지만 선배 과학자들은 우리가 생명 현상을 관조할 수 있도록 도와줄 뿐만 아니라, 후학들에게 겸양의 미덕을 가르치고, 과거의 위대한 과학자들이 없었다면 미래를 멀리 내다볼 수 없다는 진리를 일깨워 준다.

필자는 이 책을 오늘날의 핵산생화학이 어떻게 시작되었는지에 대해 대중적이면서도 간결한 해답을 원하는 사람들을 위해 저술했다. 이 책에서 저자는 시시콜콜한 이야깃거리에 중점을 두지는 않겠지만, 그렇다고 과학적인 설명을 주목적으로 삼지도 않을 것이다. 생물학에 혁명을 가져온 새로운 학문 분야를 개척하는 데 공헌한 화려한 인물들을 밝게 조명할 것이다. 나 자신이 가르쳐 왔던 생의학 분야에서 보더라도, 요즘 학생들은 학문에 필요한 통찰력이 결여되어 있음을 느낀다. 요즘 학생들은 과학적 현상을 이해하기는 하지만, 그와 관련된 역사적 배경이라든가 특성에 대한 감각은 부족하다. 이 책에서는 이런 점을 강조하려고 한다.

이 책은 인물을 중심으로 이야기를 펼쳐 나갔지만, 그래도 이야기의 뼈대를 유지하려고 노력했다. 과학적 사실보다는 조금 지나치리 만큼 인물에 중심을 두기는 했지만, 실제로 개인적인 요소는 과학자 개인에 의한 중요한 발견이라는 관점뿐만 아니라 과학 그 자체에서도 중요하다. 과학에서 인물적 요소의 중요성은 지도자로서 그가 거느리고 있는 연구원들에게 미치는 결정적인 영향에서도 나타난다. 즉 젊은 사람을 사로잡아 과학에 미치도록 만드는 능력은 과학에서 매우 중요하다. 이 점은 과학적 전통의 가장 중요한 핵심이다. 이 점을 이해하기 위해서도 우리는 위대한 과학자의 업적뿐만 아니라 그 인간적 요소도 생각해 보아야 한다.

이 책에서는 주로 DNA에 중점을 두어 그 발견, 유전 물질로의 역할, 구조, 복제에 관해 초점을 맞추었다. 저자는 분자생물학이나 분자유전학의 역사를 풀어헤치려는 것이 아니라 공동의 주제에 관해 서술하려고 한다. 독자들과 호흡을 같이하며 핵산생화학에 관한 매혹적인 역사 속으로 독자 여러분을 인도하려고 한다.

과학자들에 대한 개인적 자료를 제공하고, 여러 가지 자문에 기꺼이 응해 주신 프리드리히 미셔 연구소의 마자 사미미에게 특별한 감사를 전한다. 원고를 교정하고, 또 귀중한 의견을 주신 자크 프레스코, 아서 콘버그, 조슈아 리더버그, 예란 레반, 그리고 토마스 린달 등 여러분께도 감사를 표한다. 나의 동료였던 페르 엘리스, 토르 사무엘손에게도, 도표를 그려 주고 조언을 해 준 데 대해 감사를 드린다.

비비안 휠러는 특히 영어를 매끄럽게 고쳐 주는 데 큰 일을 해 주었다. 마지막으로 베너그렌 재단에서 이 책을 출판할 수 있도록 재정적 지원을 해 주신 데 대해 감사한다.

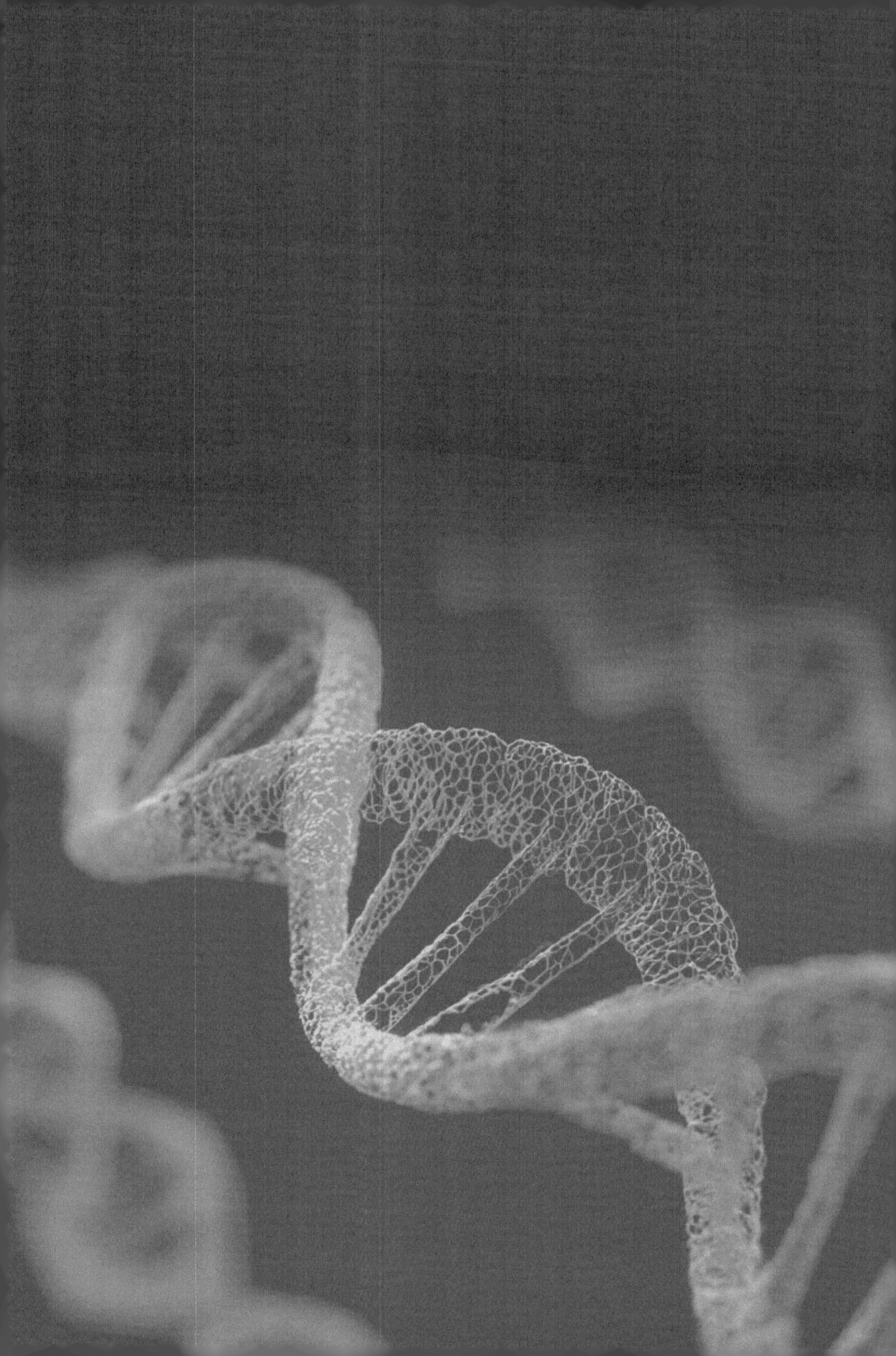

과학자가 본 과학에 관한 견해

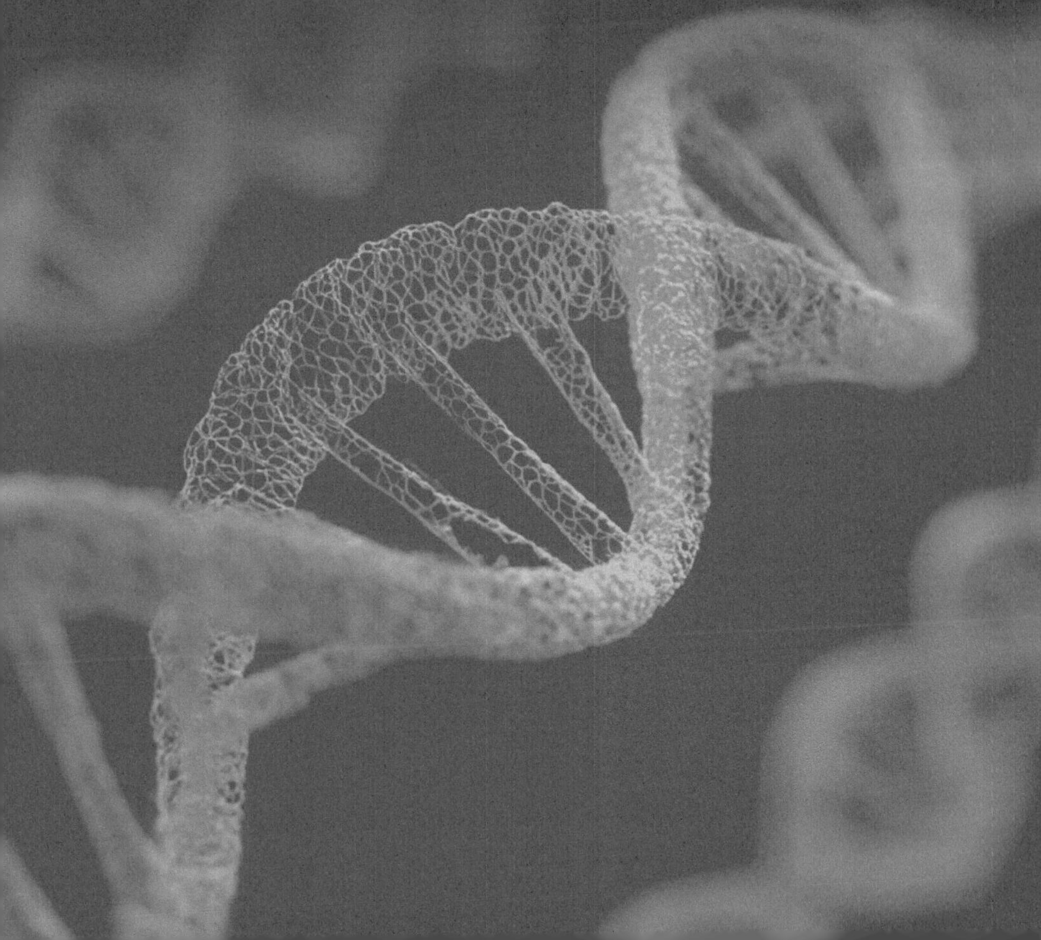

DNA Pioneers and Their Legacy

과학의 역사는 참담한 여건을 딛고 일어서서 위대한 발견을 이룬 과학자들에 관한 기록이다. 더욱이 과학자들은 아무런 경제적 보상도 없는 이 일에 꿈 많은 청년이 빠져들도록 만들었다. 과학자가 과학사에 관심을 가지게 되면, 언제나 근본적인 몇 가지 물음에 직면한다.

도대체 연구가 무엇이길래, 연애하듯이 저토록 죽자 살자 매달리는가? 과학자가 된 동기는 무엇인가? 또 과학자에게 중요한 자질은 무엇인가?

과학자의 자질과 동기

창의성과 독립성은 과학에서 항상 강조되는 가치이다. 그러나 이 두 개념 사이에는 모순도 존재한다. 지적인 자극을 유발하는 환경이 중요하며, 젊은 과학자에게 모범이 될 만한 지도자가 반드시 필요하다는 점, 우수 집단의 일원으로서는 훌륭하지만 독립된 연구자로서는 두각을 나타내지 못하는 경우가 있다는 점 등을 고려하면, 창의성과 독립성은 서로 별개인 듯하다.

과학자와 소설가는 둘 다 자기 일에 푹 빠져 있다는 사실을 빼면 서로 닮은 점이 없어 보인다. 언어를 매체로 사상과 느낌을 표현하는 능력이라든가, 생동감 있게 재미있는 주인공을 그려 내어 심금을 울리는 재주는 작가만의 특별한 자질이다. 반면, 과학자의 자질은 과학적 전통과 환경의 산물이라고 할 수 있는데 어떤 의미에서는 특별한 것이 아니라고도 생각할 수 있다. 물론 소설을 쓰는 작가도 문화적, 문학적 전통의 한 부분을 차지하지만, 작가의 작품이 과학자의 연구 업적보다 더욱 독특한 창의성을 지니는 듯한 느낌이 드는 것은 어쩔 수 없는 일이다.

앞으로 몇 년 후면 연구 분야에서 다른 사람들과의 협력 없이, 혼자서 어떤 위대한 과학적 업적을 달성한다는 것은 상상할 수도 없는 일이 될 것이다. 그렇다면 이제껏 이야기한 과학적 연구에서의 창의성과 독립성은 어디서 찾을 것인가? 우선 과학에서 사용하는 창의성이니 독립성이니 하는 용어가 문학이나 순수 예술에서와는 다른 의미로 쓰인다는 것을 지적하고 싶다. 모든 과학적 진보는 꾸준한 발전의 결과이다. 수천 년 동안 과학자들은 조그만 돌을 하나씩 쌓아서 거대한 건물을 계속 지어 가고 있다. 우리는 최근의 발견은 수많은 과거의 발견과 연결된 논리적 귀착이라는 사실을 인식해야 한다. 기회를 잘 잡는 일이야말로 수많은 연구자 가운데서 누가 진정한 승자인가를 결정하는 요인인 듯하다.

물론 이것이 절대적으로 옳다는 것은 아니다. 과학에서도 독특한 개인적인 기여를 받아들일 공간은 있다. 과학이 쌓아 올린 이 장엄한 건축

물은 일개미가 쌓아 올린 개미탑과는 사뭇 다르다. 그런데도 과학을 '익명의 개가'라고 보는 데는 그럴 만한 까닭이 있다. 불굴의 헌신과 강철과 같은 근면으로 이룩한 이 과학의 전당은 그 어떤 귀족의 금박 기념비보다 오래 보존될 것이다. 익명의 수많은 과학자의 노력이 없었다면, 과학은 진보하지 못했을 것이다.

과학의 연구에는 승리의 순간이나 패배의 순간에도 고독이 실존한다. 그렇지만 과학의 연구도 근본적으로는 사회적 기능의 한 부분이다. 특히 자연과학의 경우 더욱 그러하다. 전 세계의 과학자들은 모두 한 형제들이다. 국경 없는 과학 공동체는 이제 현실이 되었다. 과학은 국경이 없다는 생각, 그래서 당신이 하는 일이 교토나 노보시비르스크에 있는 비슷한 생각을 하는 과학자들에게도 아주 중요할 것이라는 느낌은 연구를 더욱 고무시키는 촉진제 역할을 한다.

육식 동물의 경우가 그러하듯이 과학자들도 무리 지어 연구 사냥을 한다. 연구 그룹들은 마치 늑대 무리처럼 독특한 조직 체계와 사회 구조를 가지고 있다. 연구 그룹 리더의 책임은 연구원들이 중요하고 추구할 만한 가치가 있는 목표를 향해 매진하도록 독려하는 것이다. 연구 리더는 남성이든 여성이든, 유능한 통솔력을 발휘해 그 그룹의 구성원들이 자신감을 가지고 일할 수 있도록 배려해야 한다. 가설이나 방법론에 의문을 가진다거나 새로운 아이디어와 제안을 내는 일이 방해를 받아서는 안 된다. 연구 지도자는 확고해야 하지만, 그렇다고 융통성을 잃어서도 안 된다. 얼핏 쉬워 보이지만 실제로는 꽤 어려운 일이다.

연구 그룹에서 견습생이라 할 수 있는 대학원 초년생들의 헌신과 노동이 없으면 그 그룹은 생존할 수가 없다. 실험실에서 과학자 혼자 일할 거라는 낭만적인 생각은 비현실적이다. 어떤 사람은 그런 방법을 시도해 보기도 했지만, 실험해야 할 일들이 너무 많이 생겨 결국은 도와주는 사람이 반드시 필요하게 된다. 일의 양이 많아서만은 아니다. 과학적인 사고는 사회적 활동이고, 같은 일에 종사하는 사람들 간의 생각의 교환이다. 이것은 마치 공놀이할 때 공을 던지는 사람과 받는 사람이 모두 필요한 것과 같다. 재능 있고 정열적인 대학원생들과 박사 후 연구원들은 중진 과학자들이 지적 능력을 발휘하는 데 결정적인 지원을 한다. 그들이 없으면 연구는 불가능할 것이다.

과학의 위험성과 과학적인 언어에 관하여

과학의 긴 역사를 돌아보면, 가톨릭교회와 세계적인 지도자들, 그리고 20세기 후반에는 여론이, 연구로 인해 생길 수 있는 여러 가지 위험을 크게 염려해 왔다. 근본적으로는 새로운 지식이 보통 사람들에게 영향을 줄지도 모른다는 보수 세력의 우려 때문이었다. 즉 영생의 구원을 위험에 빠지게 할지 모른다는 걱정이었다.

요즘은 영생의 문제보다는 대중의 안녕과 복지가 위협받는 일에 더 신경을 쓰지만, 위험에 대한 평가는 그것이 실질적인 것이든 상상 속의 것이든 브루노(Giordano Bruno)와 갈릴레이(Galileo Galilei)의 시대부터 과학의 중심 화제가 되어 왔다. 이 문제의 가장 어려운 부분은 항상 권위자들, 그리고 대중들과 의사소통할 수 있는 우리의 능력, 아니, 그보다는 우리의 무능력에 있었다.

나는 소년 시절에 병 속에 들어 있는 꼬마 도깨비에 관한 동화를 읽은 적이 있다. 한 남자가 길모퉁이에서 먼지 묻은 병을 발견했다. 그는 그것을 살펴보고 쓸데없는 것으로 생각해서 멀리 던져 버리려고 했는데, 그때 그 안에 들어 있는 작은 물체를 발견했다. 그 꼬마 도깨비는 아주 불쌍한 목소리로 나가게 해 달라고 애걸하고 있었다. 그가 망설이자 도깨비는 병에서 풀어 주기만 한다면 그의 소원을 들어주겠다고 약속했다. 그것은 물론 매력적인 제안이었다. 남자가 코르크 마개를 땄고, 그 꼬마 도깨비는 유리 감옥에서 나오자마자 끔찍한 괴물로 변했다. 그 남자는 자신이 무슨 일을 했는지 깨닫고선 소스라치게 놀랐다. 꼬마 도깨비를 풀어 주는 것은 아주 쉬운 일이었지만 그것을 다시 집어넣는 일은 불가능했다.

많은 사람들이 금세기의 과학과 기술의 발전을 동화 속의 남자가 코르크 마개를 딴 후에 느낀 심정으로 바라보고 있다. 우리는 생명과학의 혁명이라는 꼬마 도깨비를 해방했고, 그 녀석은 아직까지는 우리를 아주 잘 섬기고 있다. 동시에 우리는 그 녀석을 다시 집어넣을 수 없다는 것을 알기 때문에 그 녀석을 풀어 줌으로써 그 녀석이 무엇을 할 것인가를 걱정하고 있다. 그 녀석이 행패를 부릴 것에 대해 우리는 철저한 대비를 해야 한다. 어떤 인간의 활동도 그에 따르는 위험이 전혀 없을 수는 없다. 우리는 위험을 가능한 한 올바르고 정확하게 평가하고 그에 대한 손익을 비교해 가며 저울질해야 한다.

달성하려고 하는 목표를 향해 위험을 무릅쓰는 것은 인간의 본능이다. 이러한 인간의 모험적인 행위는 아프리카의 초원에서 다른 많은 맹수와 공존하면서 하루하루를 겨우 생존해 나가던 우리 조상들로부터 물려받은 것인지도 모른다. 그러나 위험을 감수할지의 여부는 위험의 종류에 따라 다르다. 우리는 이미 익숙해졌고, 우리 생활의 일부분이 된 위험, 즉 일하러 가기 위해 차를 운전하는 것 같은 일들은 잘 참아 내고 있으며 필연적인 것이라고 인정한다. 이렇게 위험을 감수할 수 있는 이유는 우리 자신이 그 상황을 조절할 수 있다고 믿기 때문이다. 경험이 가르치는 대로 행동해야 하지만 실제로는 그렇게 행동하지 않는다.

하늘을 나는 것도 큰 위험이다. 오슬로에서 리스본까지 차를 운전해 갈 수도 있으련만, 사람들은 비행기에 앉아서 어쩔 도리 없이 얼굴도 모르는 조종사에게 자기의 생명을 맡겨야 한다는 사실에 식은땀을 흘린다. 조종사가 잘 훈련되었고 통계적으로는 비행이 자동차 운전보다 훨씬 더 안전하다는 사실은 아무런 위안이 안 된다. 무지의 공포는 납치범에 의해 감금당한 승객들의 공포보다 더 심할 수도 있다. 이와 비슷한 얼토당토않은 공포가 비전문가들의 과학에 대한 태도에서도 가끔 나타난다.

과학자들은 과연 믿을 만한가? 과학자들도 호기심이 강하고 비판적인 사람들을 배제하려는 닫힌사회 속에 사는 사람들인가? 과학자들은 정말로 정직해서, 가능한 위험을 공개하고 있는가, 아니면 그들은 자유로운 연구를 위해 어떤 좋지 않은 일을 감추고 있는 것일까? 이제는 국경마저 초월한 우리 과학자들에게 이런 질문은 우문에 불과하다. 당연히 과학자는 신뢰받아야 한다! 하지만 일반 대중과 미디어에서 과학자에 대한 신뢰도는 아직 미약하며 과학자들이 하는 일은 의심을 받아 왔다. 과연 과학자들이 실험실에서 무슨 일을 하고 있고, 그들의 시험관 속에서는 무엇이 비밀스럽게 자라고 있는가? 과학의 음모를 주제로 삼은 오락물이 프랑켄슈타인 이후로 널리 사랑받아 왔으며, 불행히 현실에서도 과학의 음모에 대한 의혹은 불식되지 않고 있다.

과학자들이 정말 숨기는 게 많다고 생각하는가? 과학자들을 조금이라도 아는 사람들은 그들이 자기의 연구에 대해 얘기하는 걸 얼마나 좋아하는지 안다. 그러나 문제는 이들의 말을 알아들을 사람이 거의 없다는 것이다. 보통 사람들은 그들이 무슨 말을 하는지 거의 이해하지 못하고, 그 분야의 몇몇 동료들만이 겨우 이들의 말에 귀를 기울인다. 과학자의 사회가 방송인이나 일반 시민을 멀리하는 비밀스러운 사회라는 말은 이제 그만 접어 두자. 우리 모두 이들과 의사소통하기를 열망한다면, 어떻게 이런 말이 나왔겠는가? 그것은 '과학의 언어' 문제인 것 같다.

보통 사람들은 과학자들이 말하는 것을 이해하지 못한다. 바빌로니아에서 노아의 후손들이 교만한 마음을 가지고 여호와에게 닿으려고 바벨탑을 높게 쌓아 받게 된 벌로 인해 인류가 서로 다른 언어로 말하게 되면서 의사소통이 안 되었다고 하더니, 바로 이와 같지 않은가?

과학적인 사실을 아주 이해하기 쉬운 일상 용어로 번역했다 하더라도 어느 정도는 뜻이 바뀌고 너무 단순화된다. 한 나라의 언어를 다른 나라 말로 번역할 때도 완전히 만족할 정도로 번역하기는 힘든 것처럼, 과학을 일반 사람들이 알아듣도록 설명하는 것 자체가 벌써 모순이라고 말하는 사람들도 있다. 나는 이러한 근본주의자의 태도가 잘못에 이르는 원인이라고 생각한다. 왜냐하면 대중 과학에서는 사실들이 늘 단순화되므로 전문가와 보통 사람들이 서로 이해하는 데 도움이 되지 않는다고 말하지만, 사실은 그렇지 않다.

이해하기 쉽도록, 특정 연구 분야의 문제를 해결해 주고 명확하게 해 주는 전문가의 지식을 '실제의(operative)' 지식이라고 하고, 대중적인 지식을 '신문 잡지의(journalistic)' 지식이라고 구분해 보자. 근본주의자들은 신문 잡지에서 알게 된 지식은 쓸모없고 심지어는 해롭기까지 하다고 주장한다. 그러나 사실 신문 잡지의 지식은 보통 사람들뿐 아니라 과학자들에게도 매우 유용하다. 그들은 신문 잡지를 통해 다른 영역의 과학자들과 의사소통할 수 있다.

내 연구로 실례를 들어 보자. 내가 핵산과 단백질의 3차원적 구조를 알아내는 데 사용한 정교한 물리학의 방법은 순전히 신문 잡지를 통해서 알게 된 지식이었다. 나는 X-선 회절법의 원리는 알지만 그 지식은 물리학적 수준의 것은 아니다. 그런데도 신문 잡지를 통해 내가 알게 된 이 지식으로 그 일을 하는 사람들과 대화가 가능하다. 나는 내 문제를 해결하기 위해 그들이 무엇을 할 수 있는지, 또 그들이 이 일을 할 수 있게 하려면 내가 무엇을 해야 하는지를 안다. 그러므로 신문 잡지의 지식이 쓸모가 없다는 것은 틀린 말이다.

그렇다면 왜, 과학자들은 종종 방송이나 일반 사람들과 의사소통하는

데 실패하는가? 이 의사소통이 성공하려면 어떤 전제 조건이 있어야 한다. 대중 과학에서는 저자와 독자 사이에 무언의 동의가 있다. 저자는 설명도 없이 외래어를 쓰면 안 되고, 독자들이 보통 사람들이 가진 지식 이상의 사전 지식을 가지고 있다고 가정해서도 안 된다. 반면에 독자는 지속된 노력을 약속해야 한다. 문제는 독자들이 대중 과학 교재를 이해하기 위해 실제로 얼마나 많은 노력을 하느냐는 것이다.

예를 들어 정년 퇴임을 앞둔 어떤 사람이 장기를 배운다고 하자. 장기가 시간을 보내기에 좋고 너무 재미있어서 어떤 사람들은 장기에 매우 몰두하기도 한다. 장기에 대해 전혀 모르는 어떤 사람이 초보 수준의 장기에 관한 책을 샀다고 하자. 그는 장기의 말이 어떻게 움직이는지, 첫수를 어떻게 두는지 등을 배워야 한다는 사실을 안다. 그러나 이러한 노력을 하기 위해서는 준비가 되어 있어야 한다. 이것이 대중 과학 작가가 독자에게 바라는 것이다. 독자들이 책에 흥미를 느끼고 재미있어 하지 않는다면, 이 전쟁은 시작도 하기 전에 지는 전쟁이다. 작가는 독자를 지식의 샘물로 데려갈 수는 있으나 마시는 것은 독자 스스로 해야 할 일이지 누구도 대신 해 줄 수 없다.

연구와 위험 부담의 문제로 돌아가서, 이 연구가 사람들에게 얼마나 유익하고, 또 얼마나 위험한 연구인지 합리적으로 평가할 수 있고, 이 문제에 대한 우리의 견해를 대중과 매체에 합리적으로 전할 수 있다고 하자. 다음에 생각해야 할 주요 문제는 얼마만큼의 위험 부담을 질 것인가이다. 우리는 어느 정도의 위험 부담은 각오해야 한다. 결국 과학적 연구는 모르는 세계에 대한 모험이며, 그 결과를 확실하게 장담할 수 없다. 더구나 위험할지도 모른다고 판단해 어떤 연구 사업을 그만두더라도, 또 다른 위험에 직면할 수 있다는 사실을 잊어서는 안 된다.

예를 들어 세균학의 여명기를 생각해 보자. 이때는 의학 연구의 영웅적 시기라고 할 수 있다. 이 시대의 권력자들은 파스퇴르(Louis Pasteur, 1822~1895)와 코흐(Robert Koch, 1843~1910)의 세균학 연구를 막았다. 왜냐하면 이 위대한 과학자들은 그들의 연구가 빈틈없이 안전하고 위험이 전혀 없다는 사실을 보증할 수 없었기 때문이다. 한 세기를 되돌아보면, 세균학의 선구자들이 실험할 당시에는 그 일이 정당화될 수 없었고, 심지어 금지될 정도로 위험하기도 했다. 우리는 파스퇴르와 코흐 덕택에 많은 전염병을 진단하고 치료하여 무수히 많은 인간의 생명을 구했다. 그들도 당시에는 위험 부담을 안아야 했지만, 좋은 결과가 그들의 결정을 정당화한 셈이다.

물론 우리는 새로운 지식이 사회에 적용되는 것을 감독해야 하며, 어떤 경우에는 그 지식이 위험하고 비윤리적이어서 금지할 필요도 있다. 다만 좋은 의도로 금지할 수는 있어도, 궁극적으로 지적 탐구를 금지할 수는 없다. 400년 전 가톨릭교회는 브루노를 화형에 처하고, 후에 갈릴레오도 위협했다. 가톨릭교회는 사람들이 이들 이교도에 귀를 기울이지 못하게 함으로써 영생을 얻는 데 지장이 없게 하겠다는 훌륭한 의도를 가졌었다. 교회는 가장 고귀한 동기를 가지고 있는 것처럼 보였으나, 결과적으로 아주 큰 잘못을 저지른 것이다.

지적 호기심은 인간의 특성이다. 그리고 과학 연구의 오랜 역사를 보면 어느 시대의 권력자도 이를 억누를 수는 없었다. 만족을 모르는 호기심은 대대로 물려받은 인간의 천성이며 이는 우리 후세대도 마찬가지일 것이다. 그런 면에서 적어도 과학은 어느 정도의 확신을 가지고 미래에 직면할 수 있다.

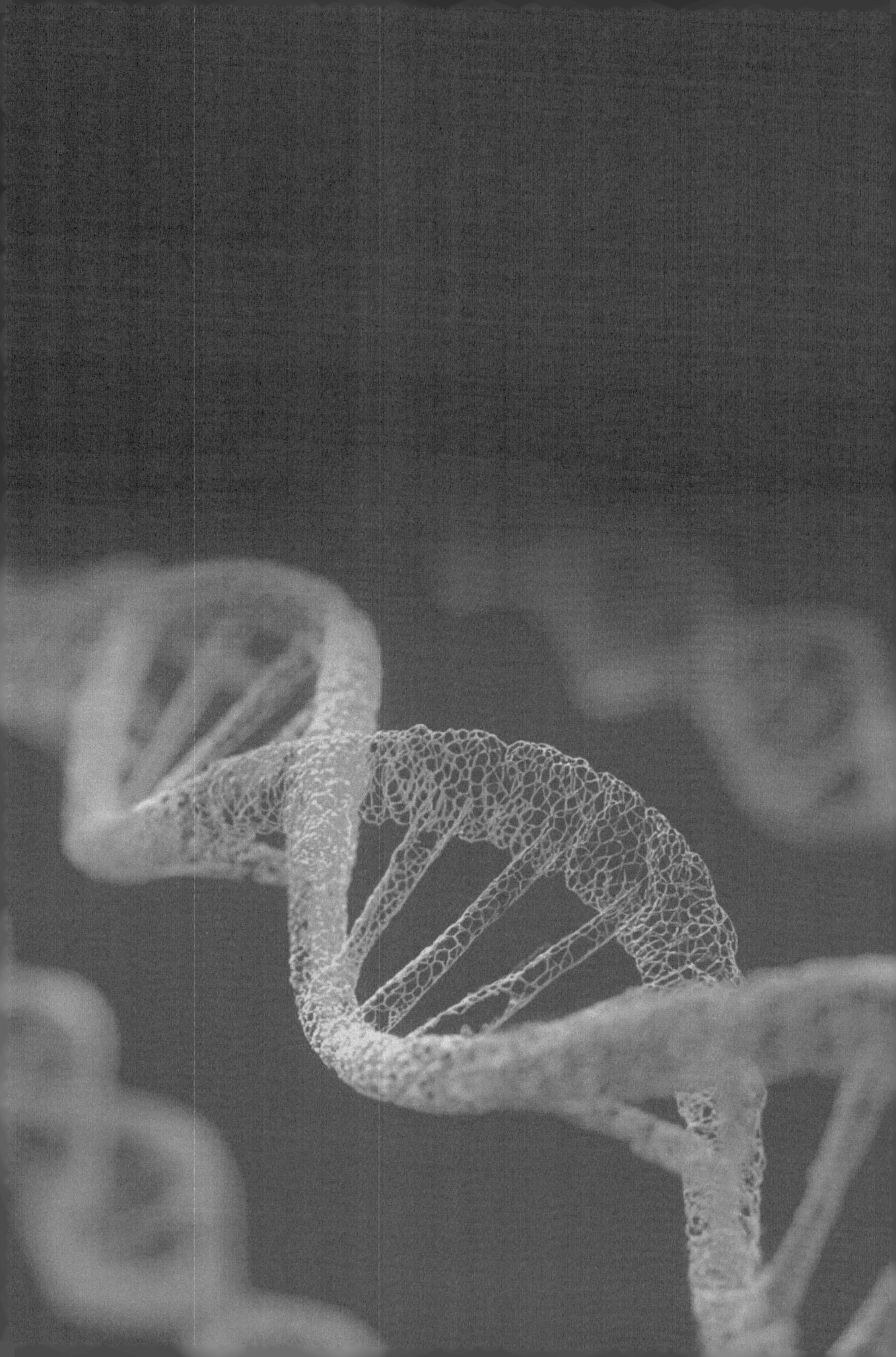

새로운 학문의 뿌리

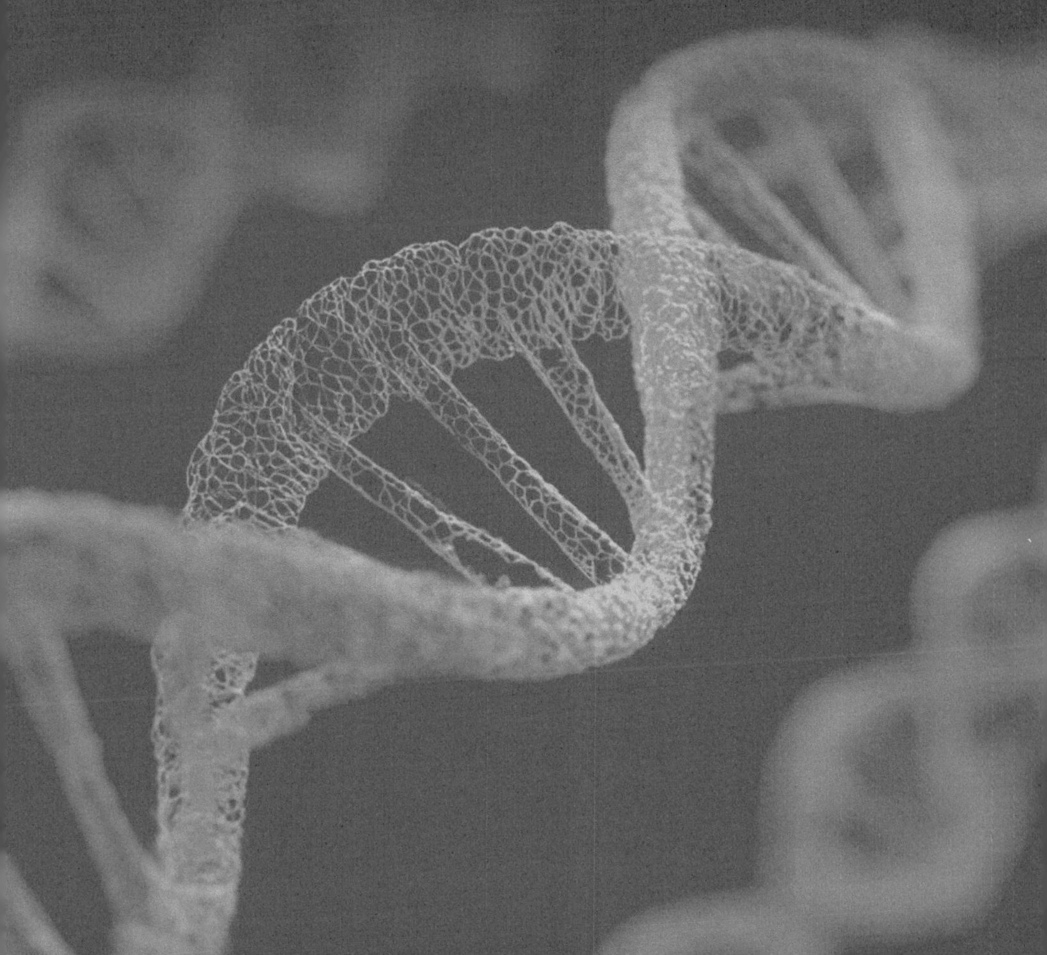

DNA Pioneers and
Their Legacy

의학은 인류의 시작과 함께 발달했다고 해도 과언이 아니다. 태곳적부터 인류는 병을 고치고 상처를 치유하려고 노력했다. 해부학, 생리학, 약학과 같은 기초의학 분야는 그리스 시대부터 시작되었다. 혈액, 점액, 황색 담즙, 검은 담즙과 같은 4체액의 중요성에 관한 히포크라테스(Hippocrates)의 이론은 오늘날 보면 좀 억지스럽고 터무니없는 것처럼 느껴진다. 그러나 그 시대에는 이 이론이 의학에 대한 종교적인 해석에 반기를 든 것이었고, 그런 면에서 과학적 의학으로 진일보한 이론이라고 할 수 있다.

히포크라테스는 골절과 탈구의 진단과 치료에 앞서 골격의 구조와 기능을 완전히 이해했고, 인대와 건(힘줄) 등에 대해서도 어느 정도 이해했다. 2세기에 갈렌(Galen)은 의학에 관한 책을 많이 썼는데, 체계적인 동물 해부와 동물실험을 바탕으로 한 신경생리학에서의 중요한 발견들에 관한 것이었다. 그 시대에는 종교적인 이유로 인간의 몸은 해부할 수 없었다. 갈렌은 약학 분야도 광범위하게 다루었다.

갈렌이 어떻게 이집트나 중국의 약 조제 방법을 알아냈는지는 잘 모르겠지만, 그가 쓴 책에는 이집트와 중국의 약 조제 방법이 다수 포함되어 있다.

오늘날의 생화학은 한 해에 발표되는 논문 수만 보더라도 알 수 있듯이 의학의 중요한 기초과학 분야가 되었다. 그럼에도 불구하고 의학에서 생화학 분야는 해부학이나 생리학 같은 분야와 비교하면 새로운 분야라고 할 수 있다. 다음은 파라셀수스(Paracelsus) 시대부터 19세기 말까지 생화학의 뿌리를 추적해 보려고 한다.

예언자와 새로운 체제 구축자

"깊은 것은 오래된 샘이다." 구약에서 주제를 잡은 토마스 만의 유명한 연재 소설에서, 제이콥 이야기는 이렇게 시작한다. 샘 안을 들여다보자. 그 깊고 어두컴컴한 곳에서 무엇을 볼 수 있는지, 혹시 연인의 얼굴이라도 있는지?

테오프라스투스 필리푸스 아우레올루스 봄바스투스 폰 호엔하임 (Theophrastus Philippus Aureolus Bombastus von Hohenheim)이라는 헷갈리는 긴 이름을 지닌 사나이는 히포크라테스, 켈수스(Celsus), 갈렌 같은 유명인들과 동등해지기 위해서, 아니, 오히려 더 우월하다는 것을 강조하기 위해서 자신을 파라셀수스라고 불렀다. 그는 의학사에서 볼 때 진정한 인습 타파 주의자 중의 하나였다. 그는 1493년 스위스 의사인 스와비안의 아들로 태어났다. 많은 의사의 아들들이 그렇듯이 그도 그 아버지의 직업을 물려받기로 했다. 이것이 그가 보인 유일한 체제 순응적인 행동이었다. 아주 특이하고 반골적인 성격을 가진 그는 나이가 좀 들어 보이고, 대머리이며, 거만해 보였고, 또한 입술이 얄팍해 신랄하고 경박해 보였다. 한마디로 이 사람은 적이 많겠다고 생각하게 만드는 인상을 가졌다.

의사이며 연금술사, 몽상가이고 반항자인 파라셀수스는 중세적인 미신을 믿었으며, 비판적인 과학적 판단력이 없었다. 그러면서도 그는 모든 일반적인 의학 통념을 거부하는 데 앞장섰다. 그는 그 시대의 의학을 공공연히 비판하고 세상을 구제하는 슈퍼맨처럼 행동했다. 그는 소르본 대학을 위시한 대학의 모든 학식 있는 의사들이 자신의 위대함을 모르고 방해한다고, 그들에게 악담을 퍼부었다. 그가 잠시 바젤 대학의 의학교수로 있을 때 그는 라틴어 대신 독일어로 강의했다. 그 당시에 라틴어는 학문의 전통적인 공용어였으므로 이러한 행동은 기존 체제에 대해 일대 반기를 든 것이었다. 그는 강의를 처음 시작할 때 갈렌과 아랍 의사 아비센나(Avicenna)의 책을 엄숙하게 태워 자신이 기존의 의학을 완전히 거부한다는 것을 행동으로 보여 주었다.

그는 히포크라테스의 전통적인 의학 내용을 그대로 가르치지 않고 몸의 체액에 대해 가르치고, 여러 체액의 상대적인 비율이 중요하다는 그 자신의 이론을 제안했다. 그는 병과 건강을 3개의 화학적 원리로 설명했다. 황은 연소성을 나타내며, 수은은 유동성과 가변성을, 소금은 고형성

파라셀수스(Paracelsus, 1493~1541).

과 안정성을 나타낸다. 사람의 몸에서 이러한 화학적 원리의 세심한 균형은 몸의 정상적인 기능에 필수적이며, 만일 이 균형이 깨지면 병이 난다고 했다.

의심할 바 없이 그 이론은 그가 흥미를 느낀 연금술에 영향을 받았다. 그는 수은이나 납과 같은 금속을 금으로 바꿀 수 있다는 사실에 매료되어 있었다. 그 시대에는 왕족을 비롯하여 사람들의 금에 대한 수요가 높았다. 연금술은 그 당시 무기화학의 모든 지식을 구체화했고, 파라셀수스는 중금속 염을 약으로 사용하는 방법을 소개했다. 이렇게 비소를 약으로 사용하는 방법은 매우 인기가 있었고, 이로 인해 그 세기 내내 말 못할 고통이 따랐다.

의학계의 동료들은 파라셀수스가 위험할 정도로 제정신이 아니므로 해고해야 한다고 생각했다. 그는 동료들이 가장 미워하는 사람 중 하나였다. 그러나 그의 환상적인 이론은 생리적인 현상을 화학적 용어로 설명하는 첫 번째 시도였다. 그는 의사들이 과학적 지식이 있어야 한다고 생각해, 의학 교육 과정에서 자연과학의 중요성을 강조했다. 그는 화학도 중요하지만, 별자리도 사람의 몸과 기능에 영향을 주므로, 천문학과 점성술도 중요하다고 생각했다. 파라셀수스의 가르침은 주목할 만했으나 과학적인 면과 미신적인 면이 뒤섞여 있었다. 그는 방탕한 생활과 비방자들로 인해 48세의 젊은 나이로 죽었지만, 후세에게 많은 영향을 주었다.

파라셀수스는 히포크라테스의 전통을 깨고 의학적 문제를 화학적으로 다루는 분야인 '의화학'이라는 새로운 학파를 창시했다. 이 학파에서 가장 유명한 사람이 헬몬트(Johann Baptista van Helmont, 1579~1644)였는데 파라셀수스와 헬몬트는 전혀 다른 성격의 사람들이었다. 파라셀수스는 성질이 급하고 거칠었으며 단정치 못했고, 자기와 생각이 다르면 교수들에게도 저속한 욕설을 퍼부었다. 파라셀수스가 고래고래 소리를 지르는 성격인 데 반해, 귀족인 헬몬트는 히포크라테스 의학의 불합리성을 비판할 때도 그저 조용히 빈정거렸다.

그럼에도 불구하고 헬몬트는 히포크라테스의 생각, 예를 들면 점액질이 폐 질환을 유발하는 위험한 악귀라는 생각을 단호하게 비판했다. 헬몬트는 기존의 이론에 대해 비판은 잘했으나 그 이론에 대처할 새로운 이론을 만들지는 못했다. 그의 글 모음인『의학의 기원(Ortus Medicinae)』에는 입증되지 않은 이론들이 가득 차 있는데, 이런 점으로 미루어 그는 파라셀수스의 추종자라고 볼 수 있다. 그는 중요한 화학적 발견도 했는데, 포도가 발효할 때나 탄소가 탈 때 이산화탄소가 만들어진다는 사실을 처음 밝혔다. 그는 또한 '공기'나 '수증기'와 구분되는 '가스'라는 용어를 처음 만들었으며, 발효 현상과 발효 효소에 매혹되었다. 그는 생물체 내에서 일어나는 모든 과정은 효소에 의해 이루어지고, 효소는 음식물을 여섯 단계에 걸쳐 우리 몸의 살로 변화시킨다고 주장하며 그 과정을 이론화했다.

그의 이러한 생각은 실비우스(Sylvius, 1614~1672)라고 불리는 독일 의사 르 보(Franz de le Boë)가 받아들여 발전시켰다. 그는 헬몬트와는 달리

의학 실습에 큰 성공을 거두었으며 많은 학생도 훈련했다. 실비우스의 가르침 중 가장 두드러진 점은 발효 과정에서 산과 염기가 생성되며 이들의 균형이 깨질 때 병이 생긴다는 것이었다. 이렇게 발효 효소가 생물체 내에서 중심이 되는 역할을 한다는 생각은 의화학 학파에서 널리 받아들여지게 되었다. 피상적으로는 헬몬트와 그 추종자들의 생각이 타당한 것으로 보인다. 그러나 발효 효소는 사람마다 의미하는 바가 다르고, 현대 용어인 '효소(enzyme)'와 같은 용어가 아니었다. 그러므로 의화학 학파의 생각을 과도하게 해석하여 그 추종자들이 통찰력을 가졌다고 생각하는 것은 바람직하지 않다.

영국의 위대한 화학자 보일(Robert Boyle, 1627~1691)은 파라셀수스의 이론을 지지한 사람은 아니었다. 보일은 1661년에 발간한 『의심 많은 화학자(The Sceptical Chemist)』라는 책에서 현재 우리가 생화학의 기본적인 요소로 생각하고 있는 황과 수은, 그리고 염의 개념을 매우 강하게 부인했다. 보일은 생리학적인 실험을 통해 호흡과 연소 사이의 관계를 깨달았던 것으로 보인다.

그 당시 영국 왕실에는 메이오(John Mayow, 1640~1679)라는 사람이 있었다. 그는 매우 특이한 경력의 소유자로, 법학을 전공했으나 나중에 의학을 공부하면서 호흡과 연소 문제에 관심을 두게 되었다. 메이오는 동물의 호흡 기관과 그 기관의 작용에 대해 매우 정확하게 설명했다. 그는 공기 중에 '활성 질소 가스(spiritus nitroaereus)'라고 하는, 연소에 필요한 물질이 포함되어 있다고 생각했다. 그는 일련의 실험을 통해 병 속

메이오(John Mayow, 1640~1679).

에서 촛불이 탈 때뿐만 아니라 병 속에서 쥐가 호흡할 때도 이 활성 질소 가스가 소비된다는 것을 알았다. 그리고 병 속의 활성 질소 가스가 모두 없어지면 촛불은 꺼지고 쥐도 죽게 된다는 사실도 알았다. 또한 메이오 는 정맥에서는 혈액이 암적색을 띠다가 동맥에서는 선홍색으로 바뀌는 것은 바로 이 활성 질소 가스가 폐를 통해 혈액으로 들어가기 때문이라 는 사실도 알았다.

메이오의 이러한 업적에 대한 독창성과 중요성을, 보일이나 또는 세포를 발견한 훅(Robert Hook)의 업적과 비교해서 논의할 때 논란의 여지가 있는 것은 사실이지만, 우리는 메이오가 현재 산소라고 부르는 활성 질소 가스를 발견했고, 이것이 호흡과 연소 과정에 매우 중요하게 쓰인다고 한 그의 생각이 매우 정확했음을 인정한다.

한편, 그 당시 과학사에서 과학자들에게 복잡한 오해를 불러일으켰던 별난 일화가 있다.

선사 시대 이래로 불은 흙, 물, 공기와 함께 물질의 4대 요소 중 하나로 생각되어 왔는데, 사람들이 불을 유용한 도구로 사용할 수 있다는 사실을 처음 알게 된 시기에, 불은 연소할 수 있는 재료 속에 잠재적인 형태로 존재한다고 생각되었다. 예를 들면 석탄과 황이 연소하는 동안 그것들에 포함되어 있던 어떤 물질이 분리되어 나간다고 생각했고, 그것들이 연소할 때 불꽃이 나오는 것은 분리된 그 물질 때문이라고 여겼다. 17세기 말 독일의 생리학자 슈탈(Stahl)은 불의 이러한 잠재적 형태를 '열소(phlogiston)'라는 용어로 명명했다.

이 시기에는 보일, 뉴턴(Isaac Newton), 라이프니츠(Gottfried Leibniz) 등과 같은 대가들에 의해 수학, 화학, 물리학이 크게 발전했으나 의학에 있어서는 이론이 빈약했고, 과장된 '가(假)철학적' 체계가 세워진 시대였다. 이 시대를 이끌던 다른 의사들처럼 슈탈도 의학에 대한 많은 것들을 설명할 수 있는 그만의 독특한 이론을 가졌던 것으로 추측된다. 그러나 다른 이론들처럼 그의 이론도 얼마 가지 못했으며, 지속적인 영향을 미치지 못했다. 그가 명명한 열소란 물질은 실제로는 존재하지 않았기 때문이다. 한 세기 동안 열소는 연소와 호흡에 대한 개념을 왜곡시켰고, 과학자들이 메이오가 발견한 활성 질소 가스로부터 올바른 결론을 도출하는 데도 부정적인 영향을 끼쳤다.

비록 슈탈이 금속 산화물의 형성 과정을 연구하긴 했으나, 그는 금속이 산화하는 현상을 공기 중에서 산소를 얻는 것으로 설명하지 못하고, 금속에 포함된 열소가 소모되는 것으로 설명했다. 이렇게 열소 이론은 연소를 '타고 있는 재료가 열소를 공기 중으로 잃어버리는 과정'으로 설명함으로써 많은 사람들을 혼란스럽게 했다.

1772년 스웨덴의 화학자 셸레(Carl Wilhelm Scheele)가 가열한 금속 산화물로부터 순수한 산소를 얻는 데 성공했음에도 불구하고, 슈탈은 여전히 자신의 열소 이론에 사로잡혀 있었다. 그리고 2년 후 영국의 화학자 프리스틀리(Joseph Priestley)는 독자적인 연구를 통해 슈탈과 같은 이론을 제시했다. 그는 자신이 발견한 새로운 물질을 '탈열소화된 공기(dephlogisticated air)'라고 불렀다. 이 이론은 공기 중에 산소가 많으면 많을수록 열소는 적어지고, 반대로 공기 중에 산소가 적을수록 열소는 더욱더 많아진다는 것이다. 그 당시 많은 화학자들이 라부아지에(Antoine-Laurent Lavoisier)가 연소에 대한 올바른 이론을 제시할 때까지 이와 같은 열소 이론을 믿고 있었다.

라부아지에는 1743년 파리에서 파리 고등법원 고위직 공무원의 아들로 태어났다. 그는 부유한 집안의 아들로 훌륭한 교육을 받았고, 영향력 있는 아버지의 도움으로 한직이면서도 수입이 좋은 직장에 취직했으며, 귀족 자격도 얻었다. 그는 그 직장에서 많은 재산을 모은 후 사직했고, 이후 경제적인 어려움 없이 자신이 좋아하는 화학과 생리학 연구를 하게 되었다. 1768년 초에는 프랑스 학술원 회원으로 선출되었고, 1772년에는 황과 같은 가연성 물질이 공기 중에서 탈 때 공기 중에 있는 어떤 것을 소비한다는 연구 결과를 학술원에 보고했다. 라부아지에는 이러한 '공기 중의 어떤 것'을 셸레와 프리스틀리가 발견한 새로운 물질과 같은 것으로 생각했다. 그는 이것을 '산소'라고 이름 붙이고, 연소의 과정은 열

슈탈(Georg Ernst Stahl, 1660~1734).

소가 손실되는 것이 아니라 연소하는 물질과 산소가 결합하는 것이라고 설명했다. 그리하여 메이오가 발견한 활성 질소 가스는 인정받게 되었고, 많은 논쟁을 일으켰던 슈탈의 열소 이론은 마침내 사라지게 되었다.

또한 라부아지에는 호흡에 관한 연구를 통해 메이오가 호흡의 기본적 현상으로 설명한 '폐 속의 산소는 혈액으로 들어가서 운반된다'고 하는 이론이 올바른 것임을 확인했다. 그는 항온동물들이 산소를 소비하고 이산화탄소를 발생시키는 음식물의 연소 과정에서 열을 얻는다는 사실을 깨달았다. 라부아지에는 이러한 사실을 바탕으로, 이 반응은 공기 중에서 나무가 타는 연소와 같은 원리로 이루어진다고 생각했다.

그는 열량을 재는 기구인 칼로리미터를 이용해, 동물들이 음식물을 연소하여 얻는 열과 나무가 연소될 때 발생하는 열이 대략 같다고 설명했다. 이와 같은 그의 주장은 호흡과 연소에 관련된 아직 알려지지 않은 많은 복잡한 요인들을 감안하지 않고 너무 단순화시킨 것이었다. 그럼에도 불구하고, 그는 처음으로 물질대사의 기본 원리를 밝히려고 시도했다는 점에서 훌륭한 업적을 남긴 학자 중 한 사람이다. 사람들이 생화학의 아버지가 누구냐고 묻는다면, 우리는 주저하지 않고 라부아지에라고 대답할 것이다.

그 당시 다비드가 라부아지에를 그린 유명한 그림 속에서 그는 이 세상 누구보다도 소박하고 세상의 죄악과는 거리가 먼 아주 평안하고 행복한 모습이다. 이 그림은 라부아지에가 실험실에서 아내와 함께 있는 모습을 그린 것인데, 그의 아내는 똑똑한 아이들을 둔 어머니라서 그런지, 남

라부아지에(Antoine-Laurent Lavoisier, 1743~1794)**와 그의 아내.**

편의 어깨에 손을 올려놓은 모습이 여유 있고 자신감에 차 보인다. 그러나 그의 행복은 1794년 프랑스 혁명이 일어나면서 무참히 깨지고 만다.

그 당시 라부아지에는 그가 가진 사회적 지위로 인해 죽음의 수렁으로 빠지게 되었는데, 1794년 5월 8일, 의사 길로틴이 만든 단두대에서 '자유의 적'이라는 죄목 아래 아주 신속하고 고통 없이 처형되었다. 프랑스 혁명 기간 자유와 평등이라는 미명하에 수많은 비인간적인 범죄가 저질러졌지만, 그 누구도 이를 저지할 수 없었다. 훗날 유명한 수학자인 라그랑주(Joseph-Louis Lagrange)는 당시 상황을 "마치 사람의 목숨이 파리 목숨 같았고, 아마도 이보다 더 혹독한 사건이 일어난 세기는 없을 것"이라고 비통한 심정으로 말했다.

정체를 알 수 없는 발효자(효모)

일반인과 과학자들 사이에서 큰 관심거리였던 '당의 발효에 의한 알코올 형성(알코올 발효) 과정'만큼 단순한 화학 반응은 없을 것이다. 알코올을 만드는 발효 과정에는 효모가 있어야 한다. 그러나 13~15세기 연금술이 전성기를 이루던 당시 '발효'라는 용어는 금속을 이용해 금을 만드는 것과 같이, 금속과 같은 무기물이 관련된 과정까지를 포함하는 매우 폭넓은 의미로 사용되었다. 같은 맥락으로 효모라는 용어도 연금할 때 쓰이는 모든 종류의 신비스러운 약제를 의미하는 것으로 인식되었다.

과학적이고 이성적인 18세기에 들어와 이러한 대부분의 잘못된 관념들은 사라지게 되었다. 네덜란드의 유명한 의사인 부르하버(Hermann

Boerhaave)는 『화학의 기초(Elements of Chemistry)』라는 저서에서 "발효는 유기 물질이 알코올이나 산으로 분해되는 과정만을 의미한다"고 주장했다. 그리고 "효모는 이러한 발효 과정이 일어나도록 하는 것(아마도 우리가 오늘날 미생물이라고 부르는 것)"으로 정의했다. 1680년에 부르하버와 같은 지역 사람인 레이우엔훅(Anthonie van Leeuwenhoek)은 자신이 만든 뛰어난 해상력을 가진 현미경을 가지고 간단하게 효모를 관찰해 작은 구형의 입자들을 발견했다. 그러나 부르하버는 자신의 책에서 레이우엔훅과 그가 관찰한 효모 세포들을 언급하지 않았고, 그 발견의 중요성은 150년이 지나서야 인정되었다.

이산화탄소는 이미 헬몬트에 의해서 발견되었지만, 18세기 중반에 이르러서야 비로소 스코틀랜드의 화학자 블랙(Joseph Black)에 의해, 옛날부터 술이 만들어질 때 생기는 가스가 그 전에 이미 알려져 있던 탄화 마그네슘을 가열할 때 만들어지는 것과 같은 가스임이 확실하게 밝혀졌다. 이러한 발견은 우리가 알코올 발효를 화학적으로 이해하는 데 결정적인 역할을 했다. 라부아지에는 그의 '발효 과정(la fermentation vineuse)'에 관한 연구에서 당이 발효하는 과정을 크게 두 부분으로 나누었는데, 하나는 이산화탄소가 만들어지는 것이고, 다른 하나는 알코올이 만들어지는 것이라고 설명했다. 그의 이러한 관점은 알코올 발효에 대한 올바른 개념을 갖게 하는 데 기여했으며, 알코올 발효에 대한 정확한 개념을 알게 되기까지 거의 한 세기 동안 수많은 과학자들은 열정적인 연구와 열띤 과학적 논쟁을 벌였다.

헬몬트(Johann Baptista van Helmont, 1577~1644).

가장 핵심적인 논쟁의 대상은 발효자인 효모의 본질에 관한 것이었다. 우리는 이것을 현재 우리가 알고 있는 효소라는 용어와 자연스럽게 연관 지을 수 있다. 그러나 우리가 아는 것처럼, 효소라는 용어는 과거에 사용되었던 효모라는 용어와는 그 의미가 다르다. 200년 전의 그 혼란스러웠던 논쟁거리는 최근 같으면 한 가지 예로 충분히 설명할 수 있다.

1800년 프랑스 학술원은 발효하는 물질로부터 효모를 찾아낼 수 있는 가장 좋은 방법을 개발한 사람에게 1kg의 순금 메달을 상으로 주겠다고 발표했다. 그러나 불행하게도 이 제안은 나중에 기금 부족으로 취소되었다. 학술원에서 풀려고 했던 이 문제는 좀 이상하게 보일지 모르지만, 그 당시 과학자들은 발효의 과정을 '하나의 당 분자가 알코올과 이산화탄소로 발효되면 이것이 분자의 진동에 의해 다른 당 분자의 발효로 퍼져 나가는 것'으로 생각하고 있었기 때문에 충분히 이해할 만한 것이었다. 19세기 중반까지도 독일의 유명한 화학자인 리비히(Justis von Liebig, 1803~1873)는 이러한 생각에 집착하고 있었다.

이러한 배경과는 대조적으로, 1837년 프랑스의 공학자인 카냐르 드 라 투르(Charles Cagniard-Latour)는 효모 세포에 관해 설명하고, 알코올 발효에는 이 효모 세포가 반드시 필요하다는 것을 밝힘으로써 발효 과정 연구에 커다란 진전을 가져왔다. 실제로 효모 세포는 정체불명의 '발효자(ferment)'였던 것이다. 카냐르 드 라 투르의 연구 결과에 따라, 발효에 관한 '분자의 진동' 같은 무의미한 이론들은 사라지게 되었다. 이와 같이 발효 연구에 있어서 커다란 진전에도 불구하고 하나의 문제점이 있었으니,

발효에 대한 이러한 세포 이론의 적극적인 지지자들이 화학적으로는 설명할 수 없는 신비스러운 생명력의 존재를 믿는 '낭만적 자연철학 관념'과 같은 관점을 가지고 있었다는 사실이다.

프랑스 의사 보르되(Théophile de Bordeu)는 생기론을 주창한 사람 중 한 명이다. 그는 인체도 살아 있는 다른 생명체와 마찬가지로 신비스러운 어떤 것에 의해 그 기능을 유지한다고 생각했다. 생기론은 독일에서 열광적인 지지를 얻었는데, 특히 칸트(Kant)의 훌륭한 제자이며, 선구적인 낭만주의 철학자였던 셸링(Friedrich Wilhelm Schelling, 1775~1854)이 이를 선도했다.

셸링은 22살의 젊은 나이에 『자연철학의 사상(Ideen zu einer Philosophie der Natur)』이라는 책을 저술했는데, 이 책은 후세에 자연철학의 규범이 되었고, 그 시대 사람들의 사상에 커다란 영향을 미쳤다. 셸링은 자연의 모든 것은 영혼을 가지고 있다고 생각했다. 그는 전기력이나 자기력과 같은 현상을 설명함으로써 무생물조차도 생물과 같은 어떤 신호를 가지고 있다고 생각했다. 셸링의 이러한 생각은 독일 의사들로부터 종교적인 열광만큼이나 열렬한 지지와 호응을 얻었다. 특히 의학이 모든 과학의 으뜸이고, 신과 가장 가까운 분야라고 주장한 부분은 의사들의 마음을 사로잡기에 충분했다.

키저(Kieser)가 자신의 책 『의학의 체계(System der Medizin)』를 통해 더 자세하게 설명했던 '셸링의 자연철학'의 핵심적인 생각은 우주의 모든 것은 극성을 가진다는 것이다. 생명체는 양성적인 태양과 음성적인 지구, 즉 양극과 음극의 특성으로 구성된다. 남성적인 특징은 주로 태양에 의해 영향받고, 여성적인 특징은 주로 지구에 의해 영향받는다는 것이다. 따라서 이러한 자연적 극성에 혼란이 생기면 질병이 유발된다고 보았으며, 그 외에 인간이 가장 높은 위치에 있는 생명 창조의 계층적 구조(생물학적 사다리)에서 낮은 수준으로 떨어질 경우에도 질병이 생긴다고 보았다. 이러한 비과학적인 이론이 19세기 초 유럽의 의학 이론을 지배하고 있었다. 그리고 생기론은 19세기 말까지 계속되었던 발효자(효모)와 발효에 관한 극렬한 논쟁에서도 중요한 역할을 했다.

리비히(Justus von Liebig, 1803~1873).

셸링(Friedrich Wilhelm Schelling, 1775~1854).

생기론자들은 세포 속에 존재하는 유기 화합물도 실험실에서 인공적
으로 합성할 수 있다는 생각을 부정했다. 이러한 유기 화합물을 합성하
려면 생물체의 생명력이 반드시 필요하며, 따라서 당이 알코올로 발효되
는 과정에도 반드시 살아 있는 효모 세포가 있어야 한다고 생각했다. 이
러한 생각을 적극적으로 선도했던 사람은 미생물학의 아버지로 알려진
파스퇴르였다. 그는 항상 탁월한 실험 능력과 완벽한 논리로 토론장을
압도하는 능력 있는 과학자였다.

　파스퇴르는 발효(알코올 발효 외에 수많은 다른 반응도 포함해서)가 일어나려면 반드시 살아 있는 미생물이 있어야 하며, 따라서 세포 밖에서는 발효가 일어날 수 없다고 주장했다. 그의 이런 주장은 실험 결과를 근거로 한 것이었지만, 어떤 내용은 그의 실험 결과와 일치하지 않는 것도 있었다. 파스퇴르의 문제점을 해결하기 위해, 파스퇴르와 생각을 달리하는 사람들의 리더였던 리비히는 세포 추출액에는 수많은 수용성 발효자

파스퇴르(Louis Pasteur, 1822~1895).

(soluble foments)가 존재한다고 주장했다. 이들 가용성 발효자들은 생기론자들이 살아 있는 세포에서만 일어난다고 주장했던 그런 종류의 반응을 촉진시켰다. 예를 들면 가용성 발효자들이 있는 상태에서 설탕(자당)은 과당과 포도당으로 분해되었다.

파스퇴르가 변증법적 논리를 펼치는 재능은 유감없이 발휘되어 모든 사실에 대한 설명이 가능해졌다. 그는 '발효'라는 새로운 용어를 도입함으로써 생명체의 존재가 없어도 반응이 이루어질 수 있다는 생각을 배제해 버렸다. 그 결과 리비히를 비롯한 여러 사람들과 사생결단의 논쟁이 일어나게 되었다.

파스퇴르와 독일 비판자들의 관계는 1870년 프랑스와 프러시아 사이의 전쟁이 터질 때까지 개선되지 않았다. 썩은 등걸 위의 금박이 벗겨지듯, 겉모양만 번지르르하던 프랑스 제2공화국은 프러시아의 기계화된 군의 맹습이 있기도 전에 판잣집 무너지듯 붕괴했다. 그 결과 프랑스의 애국지사였던 파스퇴르의 리비히에 대한 공격은 전보다 더욱더 가혹해졌다. 로맨틱하고 감수성이 예민한 사람이었던 리비히는 1873년에 숨을 거두었다. 비록 파스퇴르와의 갈등이 직접적인 수명 단축의 원인은 아닐지라도 그의 말년을 기분 좋게 한 것은 아니었다.

리비히도 어떤 면에서는 옳은 주장을 펼친 사람이었다. 사실 리비히는 프랑스의 일부 과학자들로부터도 지지를 받았다. 1860년 유명한 화학자인 베르텔로(Marcelin Berthelot)는 발효와 같은 현상을 '생명'의 카테고리에 넣을 수는 없다고 지적했다. 그는 화학적인 방법 대신에 현재 우

리가 '생명 현상의 분자적 설명'이라고 부르는 것을 찾아야 한다고 주장
했다.

파스퇴르가 논쟁에서 관철하고자 노력했던 발효의 원인인 '수용성 발
효원'은 정말로 우연히 그 본체를 드러냈다. 그 당시에는 용어도 없었지
만, 그것은 '효소'였다. 지금 우리는 효소가 세포 내의 모든 화학 반응에
관여하는 생물학적 촉매임을 알고 있다. 1835년에 스웨덴의 화학자 베
르셀리우스(Jöns Jakob Berzelius, 1779~1848)는 촉매 반응을 정의하고, 이

베르셀리우스(Jöns Jakob Berzelius, 1779~1848).

를 신비스러운 발효와 연관 지었다. 베르셀리우스는 19세기 전반의 선도적 화학자였으며, 동시에 생화학 개척자 중 한 사람이었다.

캐롤린스카 연구소(Karolinska Institute)의 베르셀리우스 연구실에는 수많은 학생과 젊은 과학자들이 모여들었는데, 이 중에는 후에 베르셀리우스와 리비히의 막역한 친구가 된 뵐러(Friedrich Wöhler)가 있었다. 뵐러는 유기 물질인 요소를 실험실에서 합성하는 데 최초로 성공한 화학자이다. 이 업적은 생기론을 주장하는 사람들에게는 죽음의 광풍이 될 수도 있었지만, 그들은 요소가 결국 배설물에 불과하다는 궤변적 논리로 위기에서 탈출했다.

뵐러와 그의 오랜 지기인 리비히는 아몬드에서 쓴맛을 내는 물질인 아미그달린(amygdalin)을 정제했고, 1837년에는 수용성 발효자를 추출했다. 그들은 이것이 자연계 내의 알부미노이드(albuminoid, 요즘은 단백질이라 칭함)일 것으로 생각했으며, 이것이 아미그달린을 분해한다는 것을 보여 주었다. 이러한 수용성 발효자는 19세기 말까지 약 20종류가 발견되었다. 1878년 독일의 생화학자인 퀴네(Willy Kühne)는 이 발효자들을 효소라 부르자고 제안했으며, 이것이 바로 베르셀리우스가 얘기했던 생물학적 촉매제임을 확신했다. 그러나 아직 화학적 기원에 대해서는 의문점들이 남아 있었다. 그것은 뵐러와 리비히가 믿었던 대로 단백질이었을까?

그 당시는 분석 실험 방법이 매우 원시적이었으므로 효소 활성을 나타내는 추출물에서 단백질의 존재를 입증한다는 것이 불가능했다. 따라서 많은 과학자는 효소가 단백질이라는 사실을 믿지 않으려 했으나 독일의 천재 유기화학자인 피셔(Emil Fischer)가 효소에 관심을 갖게 되면서부터 흔들리던 시계추처럼 갈피를 잡지 못하던 이 분야에 방향이 잡혔다. 그는 기질과 효소의 개념을 자물쇠와 열쇠로 설명하는 유력한 가설을 제시했다. 그는 의문의 여지없이, 효소는 단백질이라고 생각했다. 피셔의 막강한 권위에 힘입어 이와 같은 개념은 20세기에 들어서도 생화학의 주류를 이루었다.

어디에나 의견을 달리하는 사람이 있게 마련인데, 독일의 유기화학자인 빌슈테터(Richard Willstatter, 1872~1942)가 대표적이다. 그는 효소에 대한 연구를 늦게 시작하기는 했으나, 당시 이미 세계적인 명성을 지니고 있었고, 엽록소와 자연 색소들의 구조를 규명함으로써 노벨상을 수상한 터였다. 그는 효소를 분리하기 위해 새로운 방법을 도입했는데 이 방법은 매우 효율적이어서, 1920년 당시의 분석 기술로 다른 단백질이 전혀 섞이지 않은 순수한 효소를 분리해 냈다. 상황은 피셔가 효소의 기원을 판단하던 시기 이전으로 돌아간 듯 보였다. 빌슈테터는 위대한 화학자인 피셔가 잘못 생각했다고 믿게 되었다. 그는 효소 활성이 단백질과 연관되어 나타나기도 하는데, 이는 단순히 진짜 효소(그 기원은 잘 모름)가 단백질과 결합하는 경향성을 지닌 것뿐이라고 생각했다.

화학자로서의 저명도에 힘입어, 빌슈테터의 주장에 더 무게가 실리게 되었다. 1926년 섬너(James Sumner)에 의해 요소 분해 효소가 결정화되고, 1930년대 초 노스럽(John Northrop)이 펩신 결정에 대해 연구한 결과, 빌슈테터가 잘못 생각하고 있었다는 사실이 생화학계에 알려지게 되었다. 그러나 빌슈테터 자신은 1942년 나치를 피해 스위스에서 숨을 거둘 때까지 효소는 단백질이 아니라고 믿고 있었다. 그가 1983년의 생화학계를 볼 수 있었다면 지하에서도 만족스러워했을 것이다. 왜냐하면 그해에 미국의 올트먼(Sidney Altman)과 체크(Thomas Cech)는 독립적인 연구를 통해 특정 RNA가 효소의 기능을 발휘할 수 있음을 보여 주었기 때문이다.

그렇다면 생기론자와 화학자 사이의 논쟁을 해결해 준 것은 무엇이었을까? 생기론자의 거두인 파스퇴르가 죽고 2년이 지난 뒤인 1897년, 독일의 저명한 화학자 폰 베이어의 문하생이었던 부흐너(Echiard Buchner)가 설탕에서 알코올로의 발효가 세포 내에서가 아닌, 세포 추출물로도 이루어짐을 보여 줌으로써 화학자의 승리 쪽으로 결말이 나게 되었다. 그러나 스승인 폰 베이어는 부흐너가 정말 대단한 인물이 되리라고는 생각하지 않았다. 그는 이 획기적인 실험 결과를 보고받으면서도 그저 퉁명스럽게 "유명해질 만한 일을 했구먼. 하지만 화학자로서의 재능은 없는 사람이야"라고 말했다고 전해진다.

부흐너는 효모에 고압을 가함으로써 세포 내 추출물을 얻어냈다. 사실 이 일은 부흐너가 동생 한스를 도와주는 과정에서 이루어졌다. 한스는 추출물을 임상 목적으로 사용할 수 없을까 하는 조금 색다른 생각을 하고 있었던 균학자였다. 한스를 도와주기 위해 효모 추출물을 얻어낸 부흐너는 추출물을 보존하기 위한 방편으로 설탕을 첨가했다. 그런데 순식간에 발효가 시작되자 그는 경악했다. 어찌 되었든 이 우연한 발견으

빌슈테터(Richard Willstatter, 1872~1942).

로 말미암아 생기론은 결국 고개를 숙이고 말았다. 그 후 부흐너가 세계 적인 명성을 얻게 되고 노벨상을 받았지만, 그가 재능 없는 화학자라는 소리는 들어본 적이 없다.

알부미노이드에서 단백질로

열을 가하면 달걀의 내용물이 굳는다든지, 산성화시키면 우유가 굳는다 든지, 체외로 나온 혈액은 응고한다든지 하는 현상에 대한 관찰은 아주 옛날부터 이루어져 왔다. 19세기 초까지만 해도 이러한 특성들은 알부미 노이드라고 부르는 생물체 내의 물질을 분류하는 잣대로 사용되었다. 이 에 따라 달걀의 알부민, 우유의 카제인, 혈액의 피브린 단백질 등이 알부 미노이드를 연구하는 데 많이 사용되었다.

18세기 말 베르톨레(Claude Louis Berthollet)의 연구로 알부미노이드가 상당한 양의 질소를 함유하고 있음이 밝혀졌다. 또 셸레는 달걀흰자에 황 이 들어 있음을 밝혔다. 알부미노이드가 동물과 식물 모두에 풍부하게 존 재한다는 사실이 밝혀지면서 알부민, 카제인, 피브린이라는 용어들이 식 물체 내의 물질을 표시하는 데도 사용되었다. 굉장히 다양한 알부미노이 드가 존재한다는 사실을 깨닫기까지 상당히 많은 세월이 소요된 셈이다.

1838년 네덜란드의 화학자 물더(Gerardus Mulder)는 알부미노이드 라는 용어 대신에 단백질이라는 용어를 사용할 것을 제안했다. 단백질은 희랍어 'proteios(주된)'에 어원을 둔 것으로, 실은 베르셀리우스가 물더 에게 권장한 '살아 있는 생명체의 주요 구성 물질'이라는 의미가 있다. 그러나 이 단백질이란 용어도 19세기 말에 이르러서야 사용하게 되었다.

내 경우도 단백질이란 단어가 옛날에 사용하던 용어 중 어느 것과 딱 일치하는지 말하기가 어렵다. 물더는 여러 가지 단백질들을 하나하나 명확히 구분하지는 않았으며, 단백질은 생명체가 지닌 모든 물질의 원천이라고 믿었던 것 같다. 이러한 견해가 리비히처럼 유명한 사람들에 의해 그대로 받아들여졌다. 그러나 까다로운 베르셀리우스는 이에 비판적이었으며, 너무 쉽게 일반화하는 것에 의문을 제기했다. 이와 같은 비판에도 불구하고 물더의 생각은 1840년대를 풍미했다. 세기 중반에 단백질이 상상할 수 없을 만큼 다양한 구조와 기능을 지닌 분자라는 사실이 알려지기 시작하면서 단백질은 하나의 단일한 물질이며 세포 내 모든 물질의 원천이라는 개념은 사라지게 되었다.

단백질은 산이나 알칼리에 의해서 분해되어 후에 아미노산이라고 부르게 된 물질이 된다는 사실이 판명되었다. 류신(leucine)이 1919년에 이미 분리되었으며, 가장 간단한 형태의 아미노산인 글리신(glycine)은 이미 1820년에 분리되었다. 1846년에는 리비히가 방향족 아미노산인 티로신(tyrosine)을 결정화했다. 해가 지나면서 더 많은 아미노산이 분리되었으며, 이때에는 주로 산을 이용한 가수 분해 방법을 사용했다. 세기가 바뀌면서 12종류의 아미노산이 밝혀졌으며, 1936년에는 트레오닌(Threonine)이 발견됨으로써 현재 우리가 알고 있는 20종류의 아미노산이 모두 알려지게 되었다.

아미노산과 펩티드 화학에 대한 이해는 피셔가 그의 생애 후반 20년 동안 이루어 놓은 업적 덕분에 크게 도약했다. 그의 해박한 유기화학 지식과 합성 기술을 총동원하여, 1907년에 피셔는 여러 가지 아미노산의 합성은 물론 아미노산 12개 이상으로 구성된 펩티드의 합성에 성공했다. 그는 이 아미노산 연결체를 폴리펩티드라 부르면서 이것이 자연 상태의 폴리펩티드 크기와 유사할 것으로 생각했다. 따라서 그는 다른 사람들이 어떤 단백질은 분자량이 12,000에서 15,000에 달한다고 주장하는 바를 인정하지 않으려 했다. 유기화학자들이 단백질 분자의 크기를 이해하는 데는 아직도 시간이 더 필요했다.

1850년 이후 단백질 분리에 대한 새로운 방법들이 개발되면서부터 단백질의 다양성에 대한 올바른 인식이 정착되었다. 다양한 농도의 염분 용액 속에서 단백질 분리가 이루어졌고, 투석 방법이 개발되어 혈청 단백질의 분리 작업이 이루어졌다. '염 분획법'은 단백질 분리의 주된 실험 방법으로 사용되었으며, 19세기 말로 가면서 세포는 수없이 많은 종류의 단백질을 포함하고 있음을 확실히 알게 되었다.

이제 삼투압, 다른 용해 물질들의 빙점 효과 등에 관한 지식을 분자량을 측정하는 데 사용하게 되었다. 이러한 방법론을 단백질 연구에 적용하자 그 결과는 놀라웠다. 예를 들어 1890년대에는 달걀 알부민과 같은 단백질의 분자량이 수만 단위에 이른다는 추정이 제시되었고, 1900년대 초에는 헤모글로빈 역시 수만에 달하는 거대 분자라는 인식이 확산되었다. 피셔가 믿지 않은 것은 당연했다. 그러나 차츰차츰 단백질이라는 이 생물학적 거대 분자의 흥미로운 세계가 생화학자들에 의해 밝혀지기 시작했다. 새로운 시대가 열리고 있었다. 한걸음 더 나아가, 19세기 후반에 들어서면서 스위스의 한 무명 의사에 의해 또 하나의 새로운 종류의 생물학적 거대 분자에 대한 전모가 밝혀지게 되었다. 이 새로운 거대 분자의 중요성을 이해하는 데에도 많은 시간이 걸렸다.

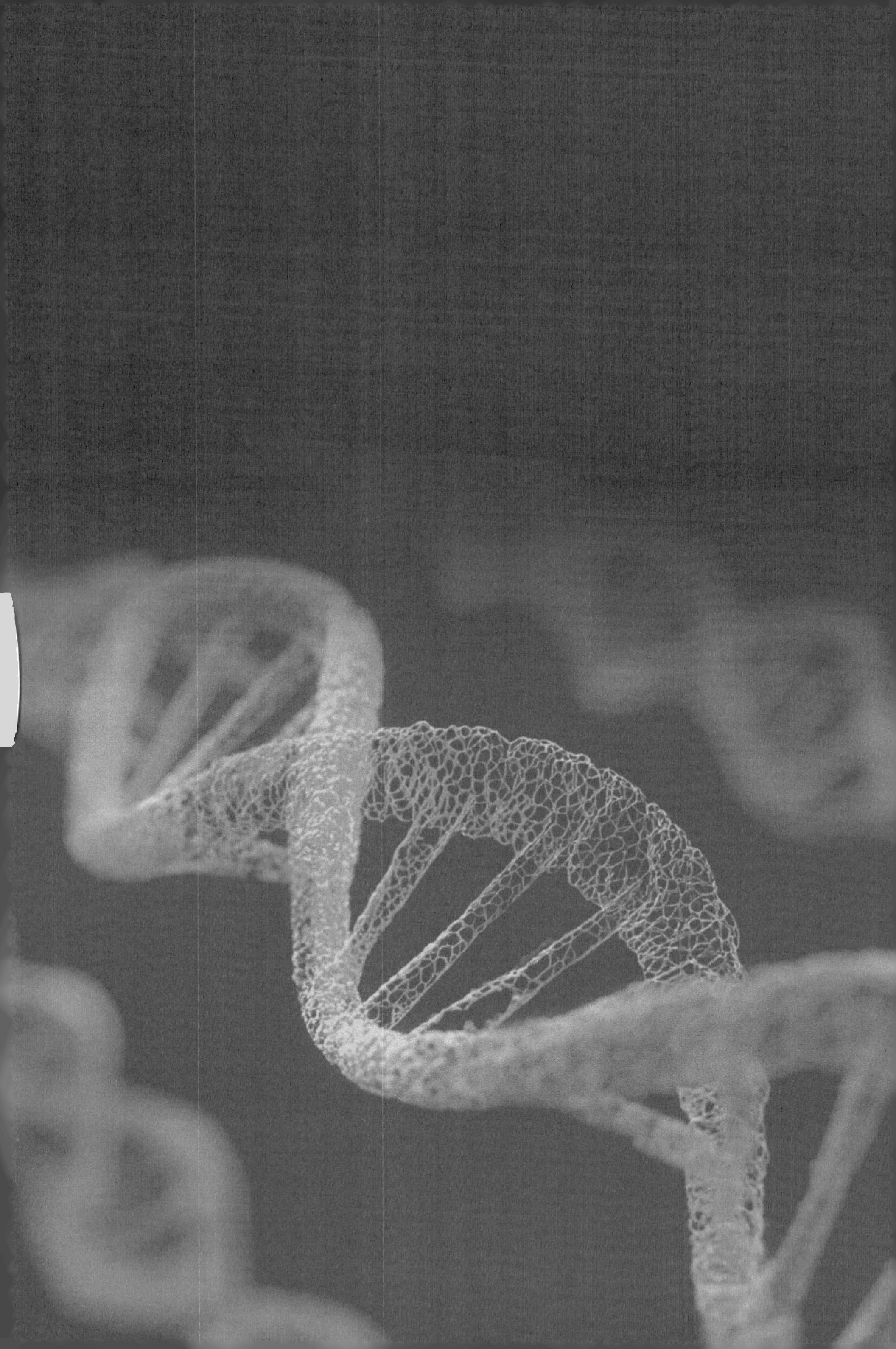

신중한 선구자

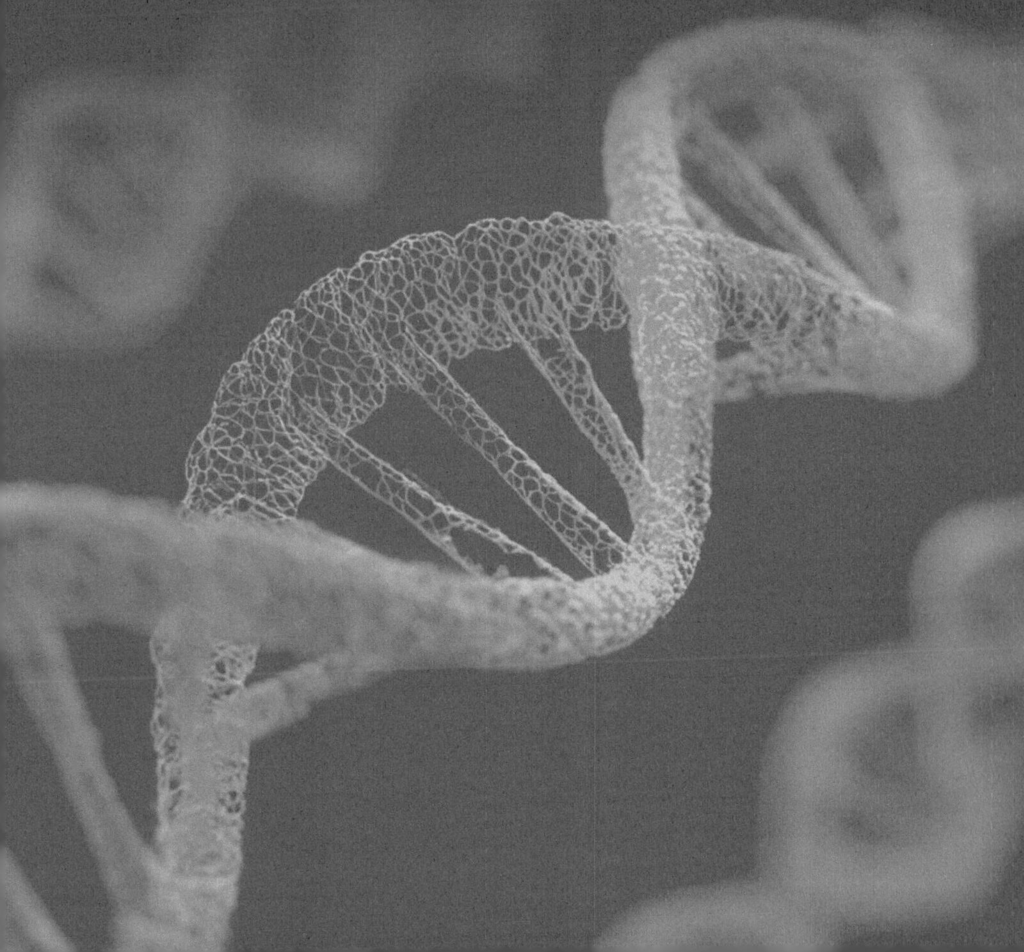

DNA Pioneers and
Their Legacy

1844년 스위스의 바젤시는 아직까지 경제적으로 어려움을 겪고 있었으며, 특히 바젤시에 속해 있던 주변 시골 지역인 바젤란트가 1831년 항거함에 따라 1833년에 이미 도시가 절반으로 분리된 상태였다. 1460년 교황 파이어스 2세가 설립한 대학조차 연구 조건이 열악한 상태였으며, 과거에 배출한 유명한 학자들 가운데 에라스뮈스와 같은 이름난 지식인들만 자랑하는 정도였다.

의학부 소속의 젊은 교수인 미셔(Friedrich Miescher)는 바젤에서 자신의 장래에 대한 여러 가지 문제점을 인식하게 되었다. 그는 베를린에서 유명한 생리학자인 뮐러(Johannes Müller) 교수 밑에서 공부를 했는데, 지도 교수인 뮐러는 젊은 시절에 셸링을 열렬히 추종했던 사람으로, 일생 자신의 과학적 개념에 셸링의 사상을 지니고 있었다.

그럼에도 불구하고 뮐러는 독일의 대표적인 생리학자로서의 위치를 지켜 나갔다. 또한 선생으로서 제자들에게 격려를 아끼지 않았으며, 세포학의 아버지인 피르호(Rudolf Virchow), 그리고 유명한 생리학자이며 이론물리학자인 헬름홀츠(Hermann von Helmholtz)와 같은 탁월한 학생들을 배출한 훌륭한 학교를 설립했다.

베를린에 있는 동안 미셔는 골조직의 발생과 병리학에 관해 매우 우수한 논문을 출판하여 그 이듬해인 1837년 바젤 대학교의 생리학 및 일반병리학 교수로 임명되었다. 그가 다루고자 했던 분야는 다소 광범위한 면이 있지만, 오늘날과 같이 현대 의학이 매우 전문화되기 훨씬 이전의 시대에서는 획기적인 시도라고 볼 수 있다. 이에 반해, 그 당시 유럽 대학들의 교수직이란 전통적으로 의학 분야의 광범위한 영역을 담당하는 것이 오랫동안의 관례였다. 즉 스위스의 유명한 생리학자인 할러(Albrecht von Haller)는 앞서 18세기 때 괴팅겐에서 해부학, 외과학 및 식물학 강좌를 모두 맡고 있었다.

만약 미셔가 자신의 방대한 강의와 연구 수행에 몰두하지 않았다면, 그는 경제적인 어려움을 이겨 내지 못했을 것이다. 더욱이 그는 결혼을 앞두고 있었다. 그의 아내인 히스(Antonie His)는 바젤에서 잘 알려진 정치가 옥스(Peter Ochs)의 손녀딸이었다. 미셔 자신은 에멘탈에 있는 발크링겐이라는 작은 시골 마을 농부 가계 출신이었으나, 옥스 가계로 장가를 들면서 신분이 상승되었다. 그러나 문제가 있었다.

옥스는 프랑스의 혁명 사상에 물들어 있었으며, 나폴레옹의 열렬한 신봉자였다. 헬베티아 공화국으로 알려진 스위스 현대사에서 프랑스의 지배를 받던 기간 옥스는 매우 큰 영향력을 지녔으며, 실제로 공화국 헌법 제정에도 관여했다. 새 공화국이 프랑스 혁명, 그리고 나중에는 나폴레옹 전쟁에 휘말려 들게 되었을 때, 스위스는 오스트리아, 러시아 그리고 프랑스 군대들의 전쟁터로 변해 가며 심각한 전쟁의 고통을 겪게 되었다. 프랑스의 억압이 고조되고, 특히 스위스 병사들이 1812년 러시아에 대항하려는 나폴레옹의 출정 명령에 의해 징집되면서 헬베티아 공화국에 대한 민중의 지지도는 급격히 낮아졌다. 비엔나 협정으로 평화가 찾아오자 옥스는 매국노로 전락했다. 이와 같이 옥스란 이름 자체가 그 당시에는 부정적인 인상을 주었기 때문에, 히스의 아버지는 자신의 프랑스 할머니 이름인 히스를 사용하게 되었다.

조카와 외삼촌

1844년 8월 13일, 아내 히스는 남자아이를 낳아 미셔를 기쁘게 했으며, 행복한 이들 부모는 첫아이의 이름을 아버지 이름과 같은 프리드리히(Friednch)로 정했다. 이렇게 부자의 이름이 같은 경우는 전기 작가를 혼란스럽게 하는데, 즉 아버지와 아들의 이름을 구별하기 위해서는 전자를 프리드리히 미셔 시니어라고 부르고, 후자는 간단히 프리드리히 미셔라고 부르게 된다. 아버지로서 또한 가장으로서 책임감을 느낀 미셔 시니어는 바젤에서 자신의 위치가 불안함을 인식한 나머지, 그해 늦게 베른으로 이사를 했다. 그는 대학에서 교수 자리를 잡기 위해 6년 간이나 베른에 머물렀다.

　　1850년 미셔 시니어는 병리학 주임 교수가 되어 바젤로 돌아왔다. 경제적으로나 인구수로나 도시의 상태가 호전됨에 따라 그가 예전에 근무했던 대학의 상태도 훨씬 좋아졌는데, 특히 보수 가톨릭 정부(선더번드)를 무너뜨리고 새 연방 정부를 수립하게 된 선더번드 전쟁이 끝난 1848년부터 여건은 더욱 좋아졌다.

프리드리히는 어린 시절부터 매우 총명했으나 수줍음이 많고 내성적이었는데, 아마도 소년 시절 이후부터 겪게 된 심한 청각 장애 탓일 수도 있다. 이러한 약점에도 불구하고 그는 음악에 큰 관심을 가졌는데, 어떤 면에서는 그의 아버지와 공통점이 많았다고도 볼 수 있다. 기대한 바대로 프리드리히는 학교에서 좋은 성적을 거두며 잘 적응했고, 고등학교를 졸업할 무렵에는 대학에서 계속 공부를 해야 할 이유가 더욱 분명해졌다.

그의 아버지와 외삼촌인 히스(Wilhelm His)는 바젤 대학 의학부 소속 교수 중에서도 선두 주자들이었으며, 히스는 1857년에 해부학 및 생리학 주임교수로 선임되었다. 히스의 영향은 어린 프리드리히 미셔가 자신의 아버지와 외삼촌의 길을 뒤따르도록 결심하는 데 결정적인 역할을 했으며, 그 영향은 프리드리히의 일생 동안 지속되었다.

미셔가 의학 공부를 하게 되었을 당시, 현대 의학의 일반적인 상황을 생각해 보는 것도 흥미로운 일이 될 것이다. 해부학, 병리학, 생리학 그리고 생화학 등과 같은 기초의학은 상당한 진전을 이루었다. 임상 연구는 과학적인 근거 하에 19세기 첫 10여 년부터 서서히 대두되기 시작했으나, 실제로 의술을 시도한다거나 개업 등은 아직까지 모험에 가까운 상태였다.

히스(Wilhelm His, 1831~1904).

파리에 있는 유명한 한 병원에서는 과거 나폴레옹 군대의 하사관 출신이자, 당시 내과 의사로서 선두 주자에 속했던 브루세(Francois Broussais)와 그의 제자 부요(Jean Baptiste Bouillaud)가 특히 폐렴 환자를 치료하는 과정에서 병원을 피바다로 만들곤 했다. 거머리가 전례 없이 치료 기구로서 사용되었는데, 거머리의 수요가 너무 많아져 유럽 전역으로부터 수입해서 사용할 정도였다. 부요는 방혈에 거의 모든 시간을 소모해야 했으며, 그가 불행한 환자들로부터 일주일 동안 받아 내는 혈액의 양은 적어도 2리터 이상이었다. 병원에서의 사망률은 어마어마할 정도였다.

브루세와 부요는 나폴레옹 시대와 거의 비슷할 정도로 유혈 사태를 일으켰는데, 무신론자들은 방혈(放血)의 장점을 의문시했으며, 특히 이들 중에 대표적인 사람은 프랑스의 내과 의사 루이(Pierre Louis)였다. 방혈 치료법은 그 임상적 결과가 정확하게 평가된 것이 아니고, 단순히 과거부터 선해 내려오는 치료법으로서 그때까지 의학협회에서 결정적으로 문제가 제기된 적이 없는 방법이었다. 루이는 이와 같은 분별 없는 치료 관습을 종식하기 위해 자신의 치료 결과를 단순한 통계적 방법으로 분석하고자 했다.

그는 지금까지 전통적으로 사용해 온 폐렴 치료 방법을 평가하기 위해 통계적 원리를 적용하려던 순간 곧 어려움에 직면하게 되었다. 브루세와 그의 추종자들 때문에 방혈 치료에서 벗어날 수 있는 환자가 거의 없었기 때문이다. 결국 그는 의식을 잃을 때까지 방혈된 환자와 보통 정도로 방혈된 환자를 비교하는 것으로 만족해야만 했다. 결과는 의심할 여지 없이, 방혈과 환자의 치유에는 상관관계가 없는 것으로 나타났으며, 방혈 치료는 좋지 않은 방법으로 판정되었다.

루이가 1835년 자신의 선구적인 업적을 논문으로 발표하자 프랑스 의사들로부터 강렬한 모욕과 멸시가 날아들었다. 그러나 1849년 오스트리아의 내과 의사 디에틀(Joseph Dietl)에 의해 루이의 발견이 확인되고 널리 인식되면서 이를 인정받게 되었다.

비로소 1850년대에서야 방혈 치료법은 사라지게 되었다. 이 당시에는 그 어느 때보다도 의사가 존경을 받지 못했다. 이와는 반대로 기초의학은 거의 모든 분야에서 급속히 발전했다. 가장 침체해 발전하지 못한 분야는 임상의학이었으며, 이에 따라 의학부에 들어온 상당수의 똑똑한 학생들이 임상 분야를 기피하는 결과를 가져왔다.

젊은 미셔는 의학 공부를 하는 동안, 아버지와 자신의 우상인 외삼촌 히스처럼 장래성이 없는 임상 분야보다 기초과학 연구 분야에 더 관심을 갖게 되었으며, 외삼촌이 이러한 그의 선택을 격려했음은 당연한 일이었다. 미셔는 생리학의 한 분야가 아니라, 하나의 독립적인 과학으로서 대두되기 시작한 생화학 분야에 관심을 두게 되었다. 1865년 미셔는 아직 의학부 학생이었는데, 그해 여름 유기화학자인 스트레커(Adolf Strecker)의 실험실에서 공부하기 위해 괴팅겐으로 갔다. 그는 바젤로 돌아오자마자 장티푸스에 걸려서 거의 일 년 동안 학업을 중단해야만 했다. 그럼에도 불구하고 그는 1868년 의사 자격을 얻었고, 의학에서 어떤 분야에 종사할지를 심사숙고하고 있었다.

미셔는 모든 젊은 의사들이 그렇듯이 자신의 진로에 대해 여러 가지 갈등을 겪고 있었다. 그는 장문의 편지, 아니, 수필에 가까운 글을 아버지에게 쓰면서, 자신의 장래에 대한 생각과 여러 가지 경우의 수를 조심스럽게 비교해 적어 보냈다. 심지어 자신의 청각 장애까지도 충분히 고려했는데, 실제로 의사에게는 청각 장애가 매우 심각한 약점이 아닐 수 없었다. 그 당시에는 매년 폐렴이나 결핵으로 사망하는 환자가 수없이 많았는데, 청진기를 사용해야만 흉강 내부 기관들의 이상 여부를 진찰할 수 있었기 때문에 청각에 문제가 있는 의사는 진료에 어려움을 겪을 수밖에 없었다.

이와 같이 미셔는 여러 가지 상황을 고려하여 생화학이나 생리학 분야에서 연구 경력을 쌓고 싶었던 것으로 보인다. 그러나 그 편지에서 미셔는 자신의 능력에 대한 신뢰가 결여된 듯 보였고, 진심으로 연구하고자 한나는 표현도 분명하게 드러나 보이지 않았다.

결국 그는 절충안을 따르기로 했다. 즉 먼저 첫 학기를 생화학 실험실에서 보내고, 이후 두 학기를 생리학 분야에서 일하기로 했다. 이와 같이 그는 여러 분야에서 훈련과 경험을 쌓은 뒤, 안과학, 그리고 예상과는 달리 자신의 약점인 이과학(耳科學)을 전공으로 삼고자 했다. 그는 이러한 전공들이 자신이 추구하는 과학적 관심 분야를 연구하는 동안 여가 활동이 될 것으로 생각했다.

그러나 분명하게 어느 한 전공을 선택하지 않은 데는 문제점도 있었다. 우리는 아버지가 아들의 편지를 받고 나서 곧바로 어떤 행동을 취했

미셔(Friedrich Miescher, 1844~1895).

는지는 모르지만, 그가 처남 히스에게 그 내용을 전한 후 자문한 것은 분명했다. 아버지와는 달리 외삼촌 히스는 조카의 능력을 확신했고, 훌륭한 과학자가 될 수 있다고 믿었다. 히스가 못마땅하게 생각하는 점이라고는 미셔가 실험실에서 사용한 초자 기구들을 세척하지 않거나 실험 기구들을 제 위치에 정돈하지 않는 나쁜 습관이 있다는 것뿐이었다. 미셔가 장차 몸을 아끼지 않을 정도로 실험실에서 연구에 매진하게 된 것은 외삼촌이 지적한 자신의 단점을 겸허하게 받아들여 고쳐 나갔기 때문이었다. 이를 제외하면, 히스는 자기 제자들 가운데 조카가 최고의 학생이라고 믿었으며 칭찬도 아끼지 않았다. 동시에 히스는 자기 조카의 절충안을 즉시 거절했다. 그는 자신의 조카가 안과학이나 이과학 수련 과정을 거치는 게 경력에 도움이 되지 않을 거라고 생각했다. 그는 차라리 조카가 곧바로 일정 기간 생화학이나 생리학 분야를 더 공부하도록 독려했으며, 그 이후에 대해서는 걱정할 단계가 아니라고 단언했다.

미셔 시니어에게 보낸 히스의 편지는 문제를 해결하는 데 결정적인 도움을 주었다. 그때 히스의 나이는 37세에 불과했는데, 매형보다는 20살이나 어렸으며 조카보다는 고작 13살 많았다. 프리드리히 미셔는 나이에 상관없이 외삼촌을 형처럼 생각했다. 더욱이 히스는 이미 연구 경력이 탁월하다고 증명되었으며 매형에게 신뢰를 받았고, 학문적으로도 그보다 앞선다고 인정받고 있었다. 이러한 상황 속에서 결국 젊은 프리드리히는 그 당시 두각을 나타내기 시작한 신진 학자 호페-자일러(Felix Hoppe-Seyler)가 이끄는 튀빙겐의 생화학 실험실로 가기로 결정했다.

호페-자일러는 1825년 목사 집안의 열 번째 아들로 태어났다. 어린 시절 그는 양친을 모두 잃고, 매형인 의사 자일러 밑에서 자랐다. 호페가 39세 되던 해, 자신을 돌보아 준 보호자가 정식으로 그의 성을 호페-자일러로 개명하여 입양했다. 그는 베를린에서 의학 공부를 마쳤는데, 베를린에 있는 피르호의 신설 병리학 연구소에서 화학과 학과장으로 선임되기 전에 몇 년간 개업한 적도 있었다. 그가 베를린에 있는 동안은 주로 분석화학 쪽 일을 했는데, 1860년 튀빙겐으로 옮긴 후에는 곧바로 헤모글로빈과 산소의 결합에 관한 연구로 명성을 얻게 되었다. 그의 실험실은 튀빙겐에 있는 오래된 성의 둥근 천장 밑에 위치해 네카어강이 내려다보였다. 후에 미셔는 그 당시를 생각하며 깊게 파인 창문이 있는 좁은 방이 마치 연금술사의 실험실 같았다고 감회에 찬 회상을 하곤 했다.

히스는 계속적으로 자신의 조카에게 세포화학 및 세포생리학을 공부해야 한다고 강조했다. 미셔가 튀빙겐에 도착했을 때, 그는 이미 세포의 구조, 특히 세포핵화학에 관한 연구를 하겠다는 결심이 선 상태였다. 세포와 그 구조의 중요성이 강조된 것은 그 당시 의학 분야에서 나타난 일반적인 경향이었으며, 이는 1858년 세포학의 아버지 피르호가 출간 발표한 「세포병리학(Die Cellularpathologie)」이라는 획기적인 논문 이후부터 시작되었다고 볼 수 있다. 따라서 미셔는 박사 후 연구원 과정에서 자신이 고유한 아이디어를 가지고 있었다기보다, 호페-자일러의 연구 관심사인 백혈구와 같은 혈구 세포에 연구 초점을 맞추고자 했다. 따라서 생화학을 연구할 때 흔히 수반되는 문제가 생겼는데, 즉 어디서 충분한 양의 순수한 백혈구를 구할 수 있을까 하는 것이었다.

가치 있는 고름

외과 수술에서는 수술로 인해 야기된 수술 열이나 산과에서의 산욕열과 같은 고질적인 후유증 때문에 많은 어려움을 겪어 왔다. 수술 부위의 염증은 너무나 일상적이어서 의사들은 고름이 흘러나와야 독성의 체액 자체가 제거될 수 있다고 믿었고, 이 고름을 좋은 고름, 즉 '가치 있는 고름'이라고 보았다. 가치 있는 고름은 썩어 가는 상처에서 흘러나와 불가피하게 환자를 죽게 만드는, 악취를 풍기는 액체와는 달랐다. 잘 정비되고 훌륭한 의사로 이루어진 병원에서도 사지 절단 수술에 의한 사망률은 약 50%에 달했으며, 전쟁 시에는 이보다 더욱 높았다.

대부분의 동료 외과 의사들은 산욕열을 예방하기 위한 제멜바이스(Ignaz Semmelweis)의 영웅적인 투쟁을 무시했고(의사의 불결한 손이 산욕열의 원인임을 밝히고 염화칼슘액으로 손을 씻어야 한다고 주장), 1867년 리스터(Joseph Lister)의 「복합 골절 치료의 새로운 방법에 관하여(On a New Methods of Treating Compound Fractures)」라는 유명한 논문에서 멸균 방법이 소개된 이후에도 고름은 한동안 외과 병동에서 계속 흘러나왔다. 따라서 미셔가 세포핵에 관한 연구를 시작할 당시 튀빙겐에 있는 대학 병원의 외과 치료소로부터 가치 있는 고름을 충분히 공급받을 수 있었다.

미셔는 원래 림프구에 관해 연구하려 했으나 곧 충분한 양의 림프구를 얻기 어렵다는 사실을 깨달았다. 그는 호페-자일러의 격려에 힘입어

인근 병원에서 사용한 반창고에서 매일 새로 얻을 수 있는, 가치 있는 고름의 주된 세포 구성 성분으로 알려진 백혈구에 초점을 맞추었다. 이를 위해서는 반창고에서 세포를 손상하지 않은 채 분리하는 기술이 필요했다. 결국 미셔는 여러 가지 소금 용액을 이용해 보았으나 세포가 팽창해 매우 끈적끈적한 죽처럼 되어 더 이상 다룰 수 없게 되었다. 다시 생각해 보면 이는 손상된 세포로부터 거대 분자량을 가지는 DNA를 추출하려 했기 때문이다.

결론적으로 미셔는 반창고로부터 잘 보존된 세포를 수세하는 가장 좋은 방법으로 묽게 희석한 황산나트륨 용액을 이용하게 되었다. 이 당시에는 실험용 원심분리기가 존재하지 않았으므로, 불순물을 여과해 제거한 후 세포가 비커 바닥에 가라앉도록 방치했다. 현미경으로 관찰한 결과 백혈구 세포는 온전한 것 같았으며 손상된 흔적도 찾을 수 없었다. 그는 세포질이 주로 단백질로 구성되어 있음을 확인했으며, 서로 다른 농도의 염으로 이들을 분획할 수 있었다.

세포 내에 단백질이 다양하게 존재한다는 사실은 잘 알려져 있었기 때문에 이 결과는 미셔에게 단지 용기를 주는 것에 불과했다. 수수께끼는 핵의 화학적 본질이었다. 미셔는 이미 알 수 없는 어떤 물질을 팽창된 세포의 내용물로부터 약한 알칼리성 용액으로 추출할 수 있고, 이 추출물을 산으로 중화시켜서 침전시킬 수 있음을 관찰했다. 이와 유사한 현상이 문헌에 보고되었으며 침전물은 근육에서 이미 발견된 미오신일 것이라 추론했다. 그러나 미셔는 곧 침전물이 미오신이 아닌 핵으로부터

호페-자일러(Felix Hoppe-Seyler, 1825~1895).

나온 미지의 물질임을 깨닫게 되었다.

그의 첫 번째 임무는 세포질을 제거한 순수한 핵을 분리하는 것이었다. 이는 이전에 성취한 적이 없었던 작업이며, 미셔는 오랫동안 힘들여 연구함으로써 양질의 충분한 핵만을 얻을 수 있었다. 그는 여러 가지 방법을 시도했지만, 최종적인 방법은 다음과 같았다. 지질을 제거하기 위해 우선 세포에 따뜻한 알코올을 처리했고, 세포질 내 단백질은 단백질 분해 효소인 펩신을 처리해 제거했다. 그가 사용한 펩신은 현재 우리가 이용하는 순수한 펩신 결정이 아니라, 돼지의 위액에 붉은 염산을 처리해 얻은 매우 불순한 펩신이었다. 펩신 처리에 의해 세포질은 용해되고 세포핵은 회색의 침전물로 남았다. 이 핵 침전물에는 세포질이 오염되지 않은 것 같았다. 그는 의기양양하게도 이러한 방법을 따르면 어떠한 분량의 핵이라도 언제든 얻을 수 있다고 결론 내렸다. 그는 좀 과장하긴 했지만, 이제 확실히 핵의 화학적 성분을 조사할 수 있게 되었다.

그는 온전한 세포에 사용했던 알칼리 추출법을 순수 분리한 핵에 동일하게 적용했고, 이어서 산성화로 침전물을 얻었다. 따라서 이 물질은 핵에서 기원했음에 틀림없었다. 이에 따라 그는 이 물질을 뉴클라인 (nuclein)산이라 명명했다. 미지의 화합물을 분석하는 데 필요한 여러 방법의 하나인 요소 분석법을 사용해, 미셔는 새로운 물질이 14%의 질소, 3%의 인과 2%의 유황을 함유하고 있음을 알게 되었다. 이 물질은 비교적 많은 인을 함유하고 있고, 펩신에 분해되지 않는 것으로 보아 단백질이 아님을 알 수 있었다. 이제 우리는 이 물질에 상당한 양의 유황이 함유된 것으로 보아, 미셔가 추출한 침전물 속에 상당량의 단백질이 포함되어 있음을 알 수 있다.

비록 미셔는 단백질만큼 중요하다고 생각되는, 전혀 새로운 종류의 물질인 뉴클라인을 발견했다고 확신했지만, 이것의 생물학적 기능에 대해서는 아는 바가 없었다. 그는 뉴클라인이 인의 저장 창고 역할을 하며, 세포의 요구에 따라 유입되거나 소비될 것이라 추론했다. 역설적으로 들릴지 모르나, 미셔는 그의 인생 말년에 뉴클라인이 유전과 어떤 관련이 있을 것이라는 생각을 부인했다. 나중에 우리는 이 문제에 대해 좀 더 자세히 알아보게 될 것이다.

1869년 가을, 미셔는 튀빙겐을 떠나 라이프치히에 있는 유명한 생리학자인 루드비히(Karl Ludwig)의 연구실에 합류했다. 그는 뉴클라인 발견에 관한 원고를 준비하고 있었고, 그해 12월『호페-자일러, 의화학 연구시(Hoppe-Seyler, medicinisch-chemische Untersuchungen)』에 출판하기를 원한다는 요청서와 함께 원고를 호페-자일러에게 보냈다. 호페-자일러는 곧 과학자들이 미셔의 대발견을 어떻게 받아들일지에 대한 논조를 정해야 하는 곤경에 처했다. 호페-자일러는 미셔의 결과가 그 자신의 연구실에서 얻어졌다는 사실에도 불구하고 이 결과를 믿으려 하지 않았다. 이 당시에도 지금처럼, 진실이 아닌 논문을 출판한다는 것을 불명예로 여겼으므로, 호페-자일러가 미셔의 연구를 출판하기 꺼린 것도 이와 유사한 이유였을 것이다. 그는 심지어 연구지가 5월에나 출판 가능하다는 이유를 들어 미셔의 원고를 다른 곳에 보낼 것을 제안했다. 아마도 그는 미셔의 실험을 재현하고 그 결과를 검증하는 데 걸리는 시간을 벌고자 했던 것 같다. 호페-자일러는 그러한 과정을 거쳐 미셔의 연구가 온당함을 확신한 후에 결국 논문을 받아들였다. 1870~1871년의 프랑스와 프러시아 간의 전쟁 때문에 논문의 출판은 더 지연되었다. 이런 여러 가지 사연으로 말미암아, 미셔의 논문은 이미 1869년에 연구가 종료되었지만, 호페-자일러의 검증 후 불가피한 상황에 의해 출판이 지연되었음을 알리는 노트와 함께 1871년 봄에서야 출판되었다.

대부분의 현대 과학자는 이와 같은 꾸물거림에 분노할지 모르나 미셔는 매우 침착하게 이를 받아들인 것 같다. 그는 안달하는 사람이 아니었으며, 아마도 루드비히의 연구실에 합류했다는 사실에 마음이 사로잡혀 있었던 것 같다. 그의 새로운 지도교수는 독일에서 가장 유명한 생리학자 중의 한 명이었고, 그와 함께 연구하기 위해 세계 곳곳에서 젊은 과학자들이 찾아왔다. 미셔는 여러 연구실의 여러 나라에서 온 동료들과 잘 지냈던 것 같다. 그는 이 기간에 루드비히를 포함해 여생 동안 꾸준히 연락하며 지낸 여러 새로운 친구를 사귀었다. 정열적이며 오히려 위압적이기도 한 루드비히와 함께 지낸 이 시기야말로 미셔에게는 매우 흡족한 시절이었다고 말할 수 있다.

루드비히는 그의 동료들을 무척 속박했다. 그들은 스스로 프로젝트를 진행하거나 독자적인 프로젝트를 추구할 수 없었고, 연구실에서 활동은 루드비히의 강한 통제하에 엄격하게 조정되었다. 미셔는 이런 획일적인 구조에 대해 별로 불만을 나타내지 않았고, 부모에게 보낸 편지에서 그와 동료들이 루드비히를 어떻게 생각하고 있는지 익살스럽게 기술하곤 했다. 가끔은 놀랍게도 책이나 잡지에서, 그들이 어떻게 연구에 공헌했는지도 밝히지 않은 채 그들을 저자로 올린 훌륭한 논문을 발견했다. 이렇듯 루드비히의 연구실 생활은 미셔의 과학적 사고방식에 강한 영향을 주었을 뿐만 아니라 그의 향후 연구 이력에 지대하게 작용했다.

라인강의 연어에서 얻은 영감

1871년 미셔는 경력에 꼭 필요한 교수 박사학위(Habilitation)*를 취득하기 위해 바젤로 돌아왔다. 이 과정에는 강의가 포함되어 있었는데, 그는 강의 제목에 뉴클라인에 관한 자신의 발견이 아닌, 루드비히 연구실에서 수행한 일을 선택했다. 그다음 해, 미셔가 가장 존경하는 외삼촌 히스가 바젤을 떠나 라이프치히 대학의 해부학 교수가 되었고, 히스는 그곳에서 남은 여생을 보냈다. 개인직인 관점에서 볼 때 이는 그의 조카에게 매우 충격적인 일이었지만, 한편으로는 매우 좋은 기회가 되었다. 히스는 해부학과 생리학을 담당하는 교수로 지냈으며, 그가 대학을 떠나면서 각 과목당 한 명씩, 두 명의 새로운 주임교수가 탄생했다. 히스는 바젤로 돌아온 미셔에게 생리학 강의를 부탁했고, 이 분야의 새로운 주임교수직이

---

* 교수 박사학위: 독일을 비롯한 일부 유럽 국가에서 채택하고 있는 제도. 일반 박사학위(Promotion이라고 함) 취득 후 교수 자격을 얻기 위해 추가로 취득해야 하는 학위로 그 수준이 매우 높다.

생겼을 때 미셔가 임용되도록 영향력을 행사했다.

바젤에서 미셔는 뉴클라인 연구를 계속했지만, 연구가 진일보하려면 실험 재료로 고름보다 더 훌륭하고 쉽게 얻을 수 있는 재료가 필요함을 점차 깨닫게 되었다. 아마도 미셔는 수정한 연어 알의 발생을 연구하던 외삼촌의 영향으로 뉴클라인의 재료로서 연어의 정자를 이용하겠다는 생각을 갖게 된 것 같다. 정자의 머리는 세포핵과 동등하다고 알려졌으며, 특히 세포질을 거의 지니고 있지 않아 뉴클라인의 분리에 제격이었다.

오늘날 라인강이 오염된 상황에서 연어가 알을 낳기 위해 강을 거슬러 올라왔던 그때를 상상하기는 쉽지 않다. 그러나 1870년대에 라인강에서의 연어 낚시는 바젤 중심부에서 중요한 1차 산업이었으며, 연어의 정자는 거의 공짜로 쉽게 얻을 수 있었다. 연구를 위한 공간, 장비 및 연구비에 궁핍했던 미셔는 경제적 상황을 고려하지 않을 수 없었다. 그는 친구에게 보낸 한 서한에서, 좋은 장비를 갖추고 아낌없이 연구비가 지원되는 호페-자일러 연구실을 자주 갈망했음을 보여 주고 있다. 생리학교수가 된 이후에도 그의 설비는 호화판과는 거리가 멀었다. 생리학과는 낡은 건물에 있는 두 개의 방을 겨우 차지하고 있었다. 그를 위한 연구 공간은 화학 분석을 할 수 있는 복도가 다였고, 거기에 그를 도와주는 파트타임 기능원이 있었다. 분명 그는 튀빙겐의 오래된 성에 위치한 연금술사의 연구실을 동경했으리라!

이와 같은 열악한 상황에서, 미셔는 이미 예측했듯이 단백질 못지않게 중요하다고 판명된 새로운 생물학적 물질인 뉴클라인의 본질을 규명하기 위한 연구를 수행했다. 지질을 제거해 분리한 정자의 핵에는 뉴클라인과 그가 프로타민(Protamine)이라 명명한 유기질 염(현대의 용어로 작은 염기성 단백질)의 염분성 결합이 거의 전부를 차지했다. 그가 처음 사용한 뉴클라인이란 용어는 세포핵으로부터 얻은 DNA와 단백질의 혼합물을 지칭하는 데 반해, 그는 이제 우리가 지칭하는 DNA와 동등한 의미로 뉴클라인이란 용어를 사용했다. 이와 같이 뉴클라인이라는 단어의 모호한 사용으로 말미암아, 문헌상으로 볼 때 1889년 독일 생화학자인 알트만(Richard Altmann)이 '핵산(Nucleic acid)'이라는 용어를 도입하기 전까지, 상당히 많은 혼동이 야기되었다.

미셔는 프로타민이 희석된 산에 의해 추출되어 불용성 침전물로서 뉴클라인과 분리됨을 발견했다. 프로타민은 염산 처리로 분리되어 궁극적으로 결정을 형성했지만, 뉴클라인은 희석한 알칼리에서 용해되고 산 처리 후 알코올에 의해 침전되었다. 이 새로운 정자의 뉴클라인은 9.6%의 인을 함유했지만 유황 성분이 전혀 없었으며, 그 당시 가능했던 발색 검사로 판단해 보면 단백질을 전혀 함유하고 있지 않았다. 외삼촌에게 보낸 한 유명한 서한에서 그는 하루 동안에 해내야 하는 힘든 조제 과정을 비교적 자세히 기술하고 있다. "빠르게, 그리고 낮은 온도에서 진행해야 성공할 수 있습니다. 뉴클라인을 분리하기 위해서는 아침 5시에 연구실로 나가 난방도 되지 않는 방에서 일해야 합니다. 어떤 용액도 5분 이상 보관할 수 없고, 어떤 침전물도 알코올 원액으로 보존하기 전에 한 시간을 견디지 못합니다. 실험은 종종 밤이 깊을 때까지 진행됩니다"

의심할 여지 없이 외삼촌인 히스는 미셔의 진전을 기뻐했지만, 한편으로는 그의 건강을 염려했다. 미셔의 아버지에게 보낸 편지에서 그는 조카의 장래를 걱정했는데, 특히 미셔의 과로와 휴식 없이 연구에만 몰두하는 성향을 경고했다. 당연히 미셔는 과학에 거의 미친 사람처럼 헌신적이었다.

미셔 탄생 100주년 기념 연설에서 그의 제자 중 한 명인 주터(F. Suter)는 상당히 길게 미셔의 열정적 헌신에 대해 이야기했으며, 그를 정령의 화신으로 표현했다. 주터에 따르면, 미셔는 "연구가 최고"라는 신앙에 가까운 확신을 가지고, 세속적인 야망이나 명예와 표창에 대한 갈망은 거의 염두에 두지 않았다. 주터는 이러한 미셔의 인간성을 부각하는 일화를 들려주었다. 불행한 그의 부인에게는 매우 절망적이었겠지만, 미셔는 연구실에 초자 기구가 부족했을 때 자신의 값비싼 세브르 도자기를 사용했다. 더 심한 건 자신의 결혼식 당일 교회에 나타나지 않은 것이다. 신부가 기다리고 있다는 사실을 까맣게 잊은 채 실험실에서 연구에 몰두하고 있는 그를 친구들이 데려와야만 했다. 이와 같은 일화는 유명한 과학자라면 자주 따라붙는 이야기라서, 어디까지가 진짜인지는 알 수 없다.

미셔는 자신의 인생에서 압도적으로 중요한 일에 사명감을 가져야 한다는 인식과 더불어 자신에게 주어진 임무가 과도하다고도 생각했다. 그는 목적을 성취하기 위해 최선을 다하는 것 못지않게 늘 불안하고 불안정해 보였다. 히스는 미셔의 이러한 자신감 결여를 알고 있었고, 미셔의 아버지에게 보낸 편지에서 이를 언급했다. 미셔 스스로는 능력이 부족하다고 생각할지 몰라도, 누구보다 헌신적으로 노력하고 있으며 어떤 임무를 떠맡더라도 분명히 성공해 크게 성취할 것이라고 말했다.

서로 매우 가까우면서도 완전히 다른 이 두 사람을 면밀히 관찰하면 무척 감상적이다. 미셔는 존경하는 외삼촌에게 항상 따뜻한 애정을 표시했고, 히스 역시 침울하고 확신이 없는 조카를 매우 좋아했다. 1874년 히스는『사람의 육체적 형태와 기원에 대한 생리적 문제: 한 동료 과학자에게 보내는 편지(Our Bodily Forms and the Physiological Problem of Their Genesis: Letters to a Scientific Friend)』란 제목의 책을 집필했다. 친구란 바로 그의 조카인 프리드리히 미셔였다. 일찍이 이와 같이 조금은 특이한 방법으로 자료를 출판한 유명한 선례가 있었다. 1761년 현대 병리학의 선구자인 모르가니(Giovanni Battista Morgagni)는 79세의 나이에 누구인지 전혀 알려지지 않은 젊은이들에게 보내는 일련의 편지 형태로 그의 업적을 출판했다. 어쨌든 히스의 책은 그가 조카에게 느꼈던 애정을 표하는 데 많은 지면을 할애하고 있다.

미셔는 1872년 바젤에서 개최된 과학연구회(The Society for Scientific Research)의 학술회의에서 한 논문을 읽고 난 후, 연어 정자의 뉴클라인 연구에 대해 우선 발표했다. 그는 이에 관한 완전한 논문을 「몇 가지 척추동물의 정자(The Spermatozoa of Some vertebrates)」라는, 약간 혼동되는 제목으로 1874년 학회지에 출판했다.

방황하는 개척자

인간으로서의 미셔와 과학자로서 그의 모습은 쉽게 이해하기 어렵고 모순되게 보인다. 그는 수줍음을 잘 타고, 친구를 쉽게 사귀지 못하는 내성적인 사람이었다. 게다가 말솜씨도 없어서, 많은 시간을 들여 강의를 준비했음에도 불구하고 학생들은 그의 강의가 서투르고 지루했다고 기억한다. 연구실의 젊은 동료들 또한 그의 과학에 대한 열의와 헌신은 존경했으나 개인적으로 친하게 지내지는 않았다. 그러나 미셔의 젊은 시기에 그가 존경했던 외삼촌과 주고받은 편지에서 그의 과학적 활동과 사고에 대한 더 많은 면을 볼 수 있으며, 그의 인간적인 일면도 발견할 수 있다.

외삼촌인 히스는 그의 유일한 가장 친한 친구였다. 외삼촌에게 보낸 편지에는 그의 생각과 감정이 잘 나타나 있다. 어릴 적 아버지에게 쓴 장문의 편지에서 미래에 대해 깊이 생각하고, 자신의 여러 가지 선택지를 신중하게 고려했듯이, 그는 아마도 타인과 얼굴을 보며 얘기하는 것보다 편지로 자신의 마음을 표현하는 게 더 쉬웠던 것 같다. 아마도 청각에 문제가 있었던 것도 원인이었을 수 있다. 어쨌든 여러 이유가 있었겠지만, 그와 히스는 다른 나라에 살면서도 계속해서 편지를 주고받았다.

미셔의 인생에서 가장 의문시되는 것 중 하나는, 지금은 DNA라고 불리는 뉴클라인의 분리에 관한 논문을 1874년에 발표한 후, 왜 갑자기 핵산 연구를 그만두었는가 하는 점이다. 그는 당대의 위대한 발견을 했고, 그 자신도 그러한 사실을 믿고 있었다는 데 의심의 여지가 없다. 그러나 그의 논문은 사람들로부터 관심을 끌지 못했고, 과학계에서 심한 비평을 받았다. 심지어는 그의 전 스승인 호페-자일러로부터도 처음부터 의심을 받았다. 미셔의 연구 결과에 대해서는 1874년 독일 화학자 보름뮐러(Jakob Worm-Müller)가 의문을 제기하기 시작했고, 1878년 영국 화학자 킹지트(Charles Kingzett)는 미셔의 핵산은 분석 과정에서 덜 정제된 알부민 같은 성분에 불과하다고 비난했다. 1881년 투디쿰(Johann Thudichum)은 킹지트의 보고서를 인용하면서 "뉴클라인은 적어도 이 나라에서 추방되어야 한다"고까지 주장했다. 같은 의견이 일 년 전 프랑스에서 화학자인 뷔르츠(Adolphe Wurtz)에 의해서도 발표되었다. 1880년대 말과 1890년대 초의 몇몇 학자들은 미셔가 발견한 핵산을 인산화된 단백질에 불과하다고 결론지어 버렸고, 이와 같은 생각은 1916년 민친(Edward Minchin)에 의해 다시 되풀이되었다.

이러한 반발과 비난은 대중 매체가 발달하지 못한 시대였기 때문이라고 생각할 수도 있겠지만, 요즘과 같이 새로운 발견을 한 과학자가 대중 매체를 통해 바로 유명해지는 시대였다고 하더라도, 아마도 그는 그렇게 되지 못했을 것이다. 이와 같이 동료들로부터 냉혹한 비난을 받고, 이해도 받지 못하는 상태에서 그는 정신적으로 매우 큰 상처를 받았던 것 같다. 이런 이유로 그가 핵산에 대한 연구를 포기하고 전혀 다른 프로젝트로 연구 분야를 바꾸어 버린 것일까? 만약에 그의 연구가 생의학 분야에서 굉장한 발견으로 받아들여지고, 다른 학자에 의해 증명되었더라면 아마도 그는 연구 분야를 바꾸지 않았을 것이다. 핵산에 대한 학계의 냉담한 반응은 미셔를 크게 실망시켰고, 핵산 연구에 대한 흥미까지도 빼앗아

갔다. 이뿐만 아니라 또 다른 상황도 있었다.

　일반적으로 생리화학이라고 불리던 생화학은 그 당시 생리학의 한 분야로 인식되었다. 당시 화학자들도 경제적으로 막대한 이득을 가져다주던 유기화학에 비해 생화학이 덜 중요하고 덜 과학적이라고 경시하는 경향이 있었다. 의학부에서도 생리학은 역사가 길고 기반이 탄탄한 학문인데 반해, 생화학은 새로 생긴 학문 분야이며, 생리학과는 학문적으로 차이가 있는 것으로 여겨졌다. 결국 미셔는 바젤에서 생리학 교수직을 얻었고, 그가 그곳에서 할 일은 대학에서 생리학 분야를 발전시키는 것이었다. 전임자인 그의 외삼촌 히스가 형태학과 발생학에 관심을 가졌고, 미셔 또한 그의 뒤를 잇고 싶어 했다. 그리고 당시 생리학 연구가 크게 지원을 받을 수 있었던 것도 그가 생리학 교수가 된 이유 중 하나일 것이다. 늘 성실했던 그는 루드비히 연구소에서와 같이 바젤에서도 훌륭한 생리학 교실을 만들기 위해 열심히 노력했다.

　어떤 이유로 그런 결정을 내렸든지 간에 그는 핵산에 대한 연구를 완전히 그만두었고, 죽기 몇 년 전까지 다시는 핵산 연구를 하지 않았다. 그 대신 연어의 산란에 대한 생리 연구를 했는데, 특히 연어의 생식 기관 비대와 흉부 근육 퇴화의 관계를 연구했다. 나중에 신설된 연구소로 옮긴 그는 호흡 생리학에 관심을 가지고 이를 연구했다. 또한 시 정부로부터 지방 교도소 재소자들의 영양 상태에 대한 보고서를 작성하도록 요청받기도 했다. 곤혹스럽게도 그는 영양 문제 전문가로 알려지게 되었고, 외삼촌 히스에게 보낸 편지에서 자신이 마치 300만 주민의 식탁을 지키는 개가 된 느낌이라고 불평했다.

미셔는 34세 때에 12살 연하인 뤼슈(Mary Rüsch)와 결혼했다. 그녀도 미셔처럼 감정을 말로 잘 표현하지 못하는 몹시 수줍음을 타는 여성이었다. 그의 결혼 생활에 대해서는 잘 알려지지 않았으나, 과학에 대한 너무 강한 열정 때문에 생기는 문제 이외에는, 그는 매우 헌신적인 남편이자 아버지였다. 미셔와 아이들이 먼저 세상을 떠난 뒤에 그의 아내는 불운했고, 삶은 고통의 연속이었다. 첫째 딸인 프리다(Frieda)는 22살에 죽었고, 아들 프리츠(Fritz)는 의학부를 마치고 베를린에서 박사 후 연구원 과정 중 수술을 받게 되었는데 그 경과가 나빠 애석하게도 33살의 젊은 나이에 죽었다. 막내딸 마리아(Maria)는 오빠가 죽은 충격으로 정신 이상이 되었다.

미셔의 건강도 그리 좋은 편이 아니어서, 1885년에 걸린 늑막염이 폐결핵으로 악화하여 1894년 다보스에 있는 요양원에 들어가 1895년 8월 26일 사망할 때까지 그곳에서 지냈다. 그의 병은 점점 악화했으나, 그는 동료들과 긴밀한 연락을 주고받으며 연구를 추진했다. 그러다 결국은 건강 문제로 교수직을 사임할 수밖에 없었다. 그는 한 편지에서 일을 계속하기 어렵다는 의사의 판정을 받고 얼마나 괴로워했는지를 표현하고 있다. 그 충격은 그가 대학에서 열심히 봉사해 온 것에 감사한 마음을 가졌던 지방 정부의 장 이젤린(Isaac Iselin)으로부터 교수직 기간 연장을 허락하는 격려의 편지를 받고 나서 조금 풀어졌다.

그러나 미셔는 전문가로서 시민들의 기대에 부응할 수 없었다. 그는 정부로부터 받은 편지가 "칭찬의 말로 중병의 시민을 편안하고 즐겁게 만들어 주었다"는 말로 자신의 편지를 끝맺고 있다. 이와 같은 그의 편지는 그를 겸손하지 못한 사람으로 보이게 할 수도 있으나, 사실 미셔는 매우 깊은 슬픔에 젖어 있었다. 또한 그는 오랜 친구와의 편지에서 행복했던 라이프치히의 생활 동안 마치 숙제를 안 하고 잠자리에 드는 아이와 같은 기분이었다고 표현하고 있다. 다보스에서 요양하는 동안, 그는 자신이 하고자 했던 일을 완성하지 못한 것에 대해 끊임없이 아쉬워했고, 그의 외삼촌이 오래전에 지적했던 자기 불신과 소신이 부족한 점에 대해 생각하며 자신의 인생을 뒤돌아보았다.

미셔가 죽은 이후에 받은 찬사 역시 핵산에 대한 업적보다는 생리학이나 영양학에서의 업적에 대한 것이었다는 사실도 슬픈 일이 아닐 수 없다. 그는 과학자로서의 귀로에서 잘못된 길을 선택했고, 핵산이 유전과 관련된 무엇일 거라는 중요한 사실을 인식하지 못했다.

그럼에도 불구하고 라이프치히 시절 그의 은사였던 루드비히만이 그가 죽기 직전 보낸 편지에서 그의 핵산 발견에 대해 찬사를 보냈다. 그는 다음 세기에 세포를 연구하는 누군가에 의해 미셔가 이 분야의 개척자로 영광스럽게 영원히 기억될 것이라고 예상했다.

미셔의 DNA 발견은 생화학자들에 의해 많은 의심을 받았고 관심도 끌지 못했으나, 세포 생물학자들에 의해 생의학의 새롭고 중요한 분야로 재조명되었다. 미셔가 알고 있었던 것과는 달리, 현미경 기술의 발달로 세포 구조에 대한 연구가 진행되면서 그들은 핵산의 기능을 알아냈다.

염색 산업의 발달

19세기 후반부터 1910년까지는 독일 유기화학의 황금기였다. 케쿨레(Friedrich von Kekule), 베이어(Adolf von Baeyer), 피셔 그리고 빌슈테터 같은 저명한 과학자들이 이 분야를 이끌었고, 독일 화학 산업을 굳건하게 만들었다. 새로운 염료의 합성과 공업적 생산은 국가 경제력의 주요 부분을 차지했고, 독일 제국의 정치적 영향력을 증가시키는 데 막대한 공헌을 했다. I. G. 파르벤 같은 회사는 합성 염료계의 세계 최고가 되었고, 염색 산업의 성장은 부수적으로 생물학의 발전을 가져왔다. 여성들의 패션을 창조하는 직물의 염료뿐 아니라 핵이나 세포질을 염색하는 새로운 염색약들도 매우 빠르게 개발되었다.

1870년 에를리히(Paul Ehrlich)는 여러 염료가 어떤 물질을 물들이는지 연구해 면역학 부문에 공헌했고, 살바르산이 매독 치료제로 쓰일 수 있다는 것을 발견했다. 세포의 핵이 염기성 염료로 염색이 되는 구조임이 밝혀졌고, 에를리히는 이것을 친염기성(Basophilic)이라고 불렀다. 이와 반대로 세포질은 산성의 성질을 가지는 염료로 염색이 된다는 것이 알려졌다. 1882년 독일 조직학자인 플레밍(Walther Flemming)의 저서 『세포의 성분, 핵 그리고 세포 분열(Cell Substance, Nucleus, and Cell Division)』은 세포핵과 관련된 새로운 염색 기법을 요약하고 있다. 그는 핵 안의 친염기성 구조를 의미하는 '염색질(Chromatin)'이라는 용어를 제안했으며, 미셔의 뉴클라인이 염기성 염료로 염색되기 때문에 뉴클라인과 염색질이 같은 것이거나, 적어도 염색질 구조의 일부가 뉴클라인을 포함하고 있다고 주장했다.

1875년 독일 생물학자 헤르트비히(Oscar Hertwig)가 성게의 수정 과정에서 정자의 핵과 난자의 핵이 융합하는 것을 관찰했을 당시만 해도 핵의 기능은 수수께끼로 남아 있었다. 융합한 핵은 분할되어 배 발생 과정에서 생성되는 세포의 핵이 된다. 이러한 기본적인 현상은 나중에 동물과 식물 모두에서 관찰되었다. 플레밍은 세포 분열 동안 핵의 구조적 변형을 연구했고 이런 과정에 '유사 분열(Mitosis)'이라는 용어를 사용했다.

1883년 베네덴(Edward van Beneden)은 회충(Megalocephala)의 수정 과정을 연구했는데, 정자와 난자의 핵이 융합한 후, 융합된 핵 안의 염색질이 막대 모양으로 변해 같은 숫자와 모양으로 재배열하는 것을 관찰했다. 이런 현상은 식물에서도 관찰될 뿐 아니라 다른 동물에서도 관찰되며, 나중에 이와 같은 구조를 '염색체(Chromosome)'라는 용어로 부르게 되었다. 세포 분열 동안 이러한 염색체의 특징적 행동과 가로형 분할, 그리고 딸세포에서의 복제된 염색체의 분포를 통해 루(Wilhelm Roux)는 염색체가 유전적 잠재자일지도 모른다는 가정을 하게 되었다. 이러한 주장은 바이스만(Augmt Weismann)에 의해 보완되었는데, 그는 다세포 생물에서 생식 세포만이 독점적으로 유전 정보를 다음 세대로 운반한다는 사실을 처음 발견했다.

이것은 염색질, 좀 더 자세하게는 그것이 포함하고 있는 뉴클라인이 유전 현상의 기본임을 말해 주었다. 1885년 헤르트비히는 뉴클라인이 수정에만 국한된 것이 아니라 유전적 성질의 전달에도 관련되어 있다고 주장했으며, 이와 비슷한 의견들이 다른 사람들에 의해서도 제시되었다. 미국의 유명한 생물학자인 윌슨(Edmund B. Wilson)은 1896년 당시의 유력한 이론들을 모아 정리한 책에서 "염색질은 유전 현상의 물리적 기초이며, 동일하지는 않으나 뉴클라인이라고 알려진 성분과 매우 비슷하고, 유기산이 풍부한 인산의 복합체이다. 그리고 더 나아가 부모로부터 자식에게 물리적으로 전달되는 특별한 성분으로 인해 유전된다고 결론을 내릴 수 있을 것이다"라고 쓰고 있다.

그렇다면 미셔는 뉴클라인의 기능에 대한 논쟁에 어떤 견해를 갖고 있었을까? 당연히 그는 뉴클라인이 유전 정보를 운반하는 운반체라는 주장을 지지했어야만 했다. 이것은 그가 젊은 시절 받았던 무관심과 불신에 대해 충분히 보상받을 기회이기도 했다. 그러나 미셔는 뉴클라인이 유전적 물질임을 부정했다.

1874년 미셔는 논문에서 정자 뉴클라인이 유전에서 어떤 역할을 할지도 모른다고 논의는 했으나 그냥 지나쳐 버렸다. 그는 사람들이 정자가 수정을 가능하게 하는 어떤 물질을 나른다고 주장했다는 사실을 알았으나, 이런 사실이 의심할 여지 없이 확실해질 때 받아들일 수 있다고 말했다. 그러나 그는 수정 물질의 개념을 거부했고 대신 정자를 움직이게 하는 기구로만 보았다.

미셔가 정자의 핵이 중요하다는 사실을 인지했음에도 결국은 부정하는 의외의 행동을 한 것을 이해하기 위해서는, 명확하지는 않지만 19세기 중엽에 널리 퍼져 있던 수정에 대한 이론을 생각해 봐야 한다. 당시의

바이스만(August Weismann, 1834~1914).

이론들은 수정이라는 것을 마치 발효에서 보이는 현상, 즉 반응 물질의 한 분자에서 다른 분자로 화학 분자들이 이동하는 것과 같은 현상으로 생각했다. 1847년에 비숍(Theodor Bischoff)은 수정은 정자가 난자와 접촉함으로써 화학 반응처럼 촉매되는 것이며, 정자로부터 난자로 어떤 화학 물질이 이동하지는 않는다고 주장했다. 미셔가 매우 존경했던 외삼촌인 히스는 1874년에 쓴 책에서 수정이 일어날 때 어떤 물질도 전달되지 않는다고 주장했는데, 미셔는 이런 외삼촌의 주장에 크게 영향을 받았다. 히스는 정자와 난자가 접촉함으로써 발생이 진행될 수 있도록 흥분 상태가 전달된다고 설명했다. 히스는 수정 과정을 이렇게 모호하게 설명하면서 수정과 발생 과정에서 핵의 역할을 경시했다.

미셔는 죽는 날까지도 뉴클라인이 유전 물질이라는 것을 받아들이지 않았다. 당시에 세포학자들은 세포 염색 기술을 사용해 수정이 일어나고 세포 분열이 진행될 때 염색이 진하게 되는 물질, 즉 염색질이 응축하고 풀어지는 형태적인 변화를 보이는 아주 흥미로운 결과를 보여 주었는데, 미셔는 이런 연구 결과에 별 관심을 보이지 않았다. 1890년 외삼촌에게 쓴 편지에서는 핵 속에 여러 물질이 있기는 하지만 진정한 의미에서는 오로지 뉴클라인밖에 없다고 주장하는 세포학자들에 맞서서 자신의 견해를 다시 옹호해야겠다고 적고 있다.

그러나 시간이 흐름에 따라 정자에는 수정에 관여하는 물질이 없다는 미셔의 생각도 변하는 듯했다. 1892년에 외삼촌에게 쓴 편지에서 미셔는 정자의 머리에서 분리했다고 하는, 철을 포함하는 단백질인 '카리오젠

(Karyogen)'이 수정에 매우 중요한 요소이며 또한 염색질에 특징적인 염기성 염색을 나타내게 만든다고 적고 있다. 결국 전에는 부정했던 수정에 관여하는 물질이 존재하며, 바로 이 단백질이 그 역할을 수행할 것이라고도 했다. 하지만 다른 사람들의 연구에 의하면 철을 포함하는 단백질은 정자의 핵에서 발견되지 않았기 때문에 이러한 물질은 실험적 오류일 것으로 여겨진다. 이 결과가 논문으로 발표되지 않은 것이 미셔에게는 천만다행이었다.

1892년부터 2년에 걸쳐 외삼촌에게 쓴 편지에서, 미셔는 유전에 대한 분자적인 기초로서 단백질의 입체 화학적인 성질에 대한 기발한 이론을 제창했다. 미셔는 수정에 대한 바이스만의 설명은 불분명하며, 이미 낡아 빠진 '설익은 화학적 개념'에 얽매인 것이라면서 단지 추측을 통해서 나온 것으로 일축했다. 미셔는 탄소 원자의 비대칭적인 배열로 인해 한 단백질에도 매우 많은 이성질체가 존재할 수 있음을 주의 깊게 관찰했으며, 이러한 특성으로 인해 이성질체가 복잡한 유전 정보를 담을 수 있는 물질이라는 생각을 갖게 되었다. 되돌아보면, '설익은 화학적 개념'을 가진 사람은 바이스만과 세포 화학자들이 아니라 미셔 자신이었다.

20세기로 접어들면서 19세기 말에 생물학을 주도했고 미셔를 괴롭혔던 염색질 또는 핵질이 유전 물질이라는 생각이 과학계에서 퇴조하기 시작했다. 이렇게 정확했던 이론들이 갑자기 잠적해 버린 이유는 무엇이며, 이 이론이 부활할 때까지 반세기 동안 암흑 상태에 빠져든 것은 무엇인가? 과학의 영역에서 종종 일어나듯이, 이런 현상에는 여러 요인이 복합적으로 관여한다.

여러 요인 중 하나는 의심할 것도 없이 핵 속에서 염색질이 연속적으로 나타나지 않은 것이었다. 때때로 염색질은 사라졌으며, 일부 염색체는 염기성 염료로 염색되지 않았다. 이런 불연속적인 모습은 염색질이 더 이상 유전 물질을 포함하고 있지 않음을 뜻한다고 여겨졌다. 1909년에 저명한 세포학자였던 슈트라스부르거(Eduard Strasburger)마저도 염색질은 유전 물질이 될 수 없다고 주장했는데, 때때로 염색질이 염색체에 없는 것처럼 보이고, 발생 단계에 따라 핵 속에서 염색질의 양이 상당히 다르게 존재하기 때문이라는 게 그 이유였다. 사실상 DNA가 염색질에 없는 것이 아니라, 단지 염색되지 않았을 뿐이라는 것을 당시에는 알지 못했다.

또 다른 요인은 DNA가 단조롭게 반복되는 작은 분자라는 사실이 알려지면서 유전 물질로서의 가능성이 감소된 것이다. 다음 장에서 다루겠지만, 이런 부정적인 시각은 물질에 대한 구조적인 연구가 시작되는 20세기 초에 나타나기 시작했다. 반면에 단백질은 분자량이 크고 복잡한 구조로 되어 있다는 점에서 유전 물질일 것이라는 기대가 커졌다. 마침내 유명한 미국의 생물학자인 윌슨은 1896년에 쓴 책에서 뉴클라인을 유전 물질이라고 주장했다. 그러나 29년이 지난 1925년에 출간된 세 번째 개정판에서는 DNA가 유전 물질이라는 견해를 완전히 거두어들이면서 "DNA가 너무 단순하다는 사실은, 기존에 염색체가 유전 물질로서 인정을 받기 위해서는 염색질이 계속 나타나야 한다는 주장에 더 이상 연연해할 필요가 없음을 보여 주는 결정적인 증거"라고 언급했다. 윌슨은 염색이 되지 않는 것은 단백질이 점점 쌓여 핵질이 완전히 사라져 버린 탓이라고 생각했다. 만약 미셔가 좀 더 오래 살아서 이 말을 들었다면 매우 좋아했을 것이다.

미셔가 죽은 지 50년이 지난 후에야 핵질과 유전에 대한 그의 생각이 잘못되었음이 밝혀졌지만, 그의 발견 자체는 중요한 의미를 남겼다.

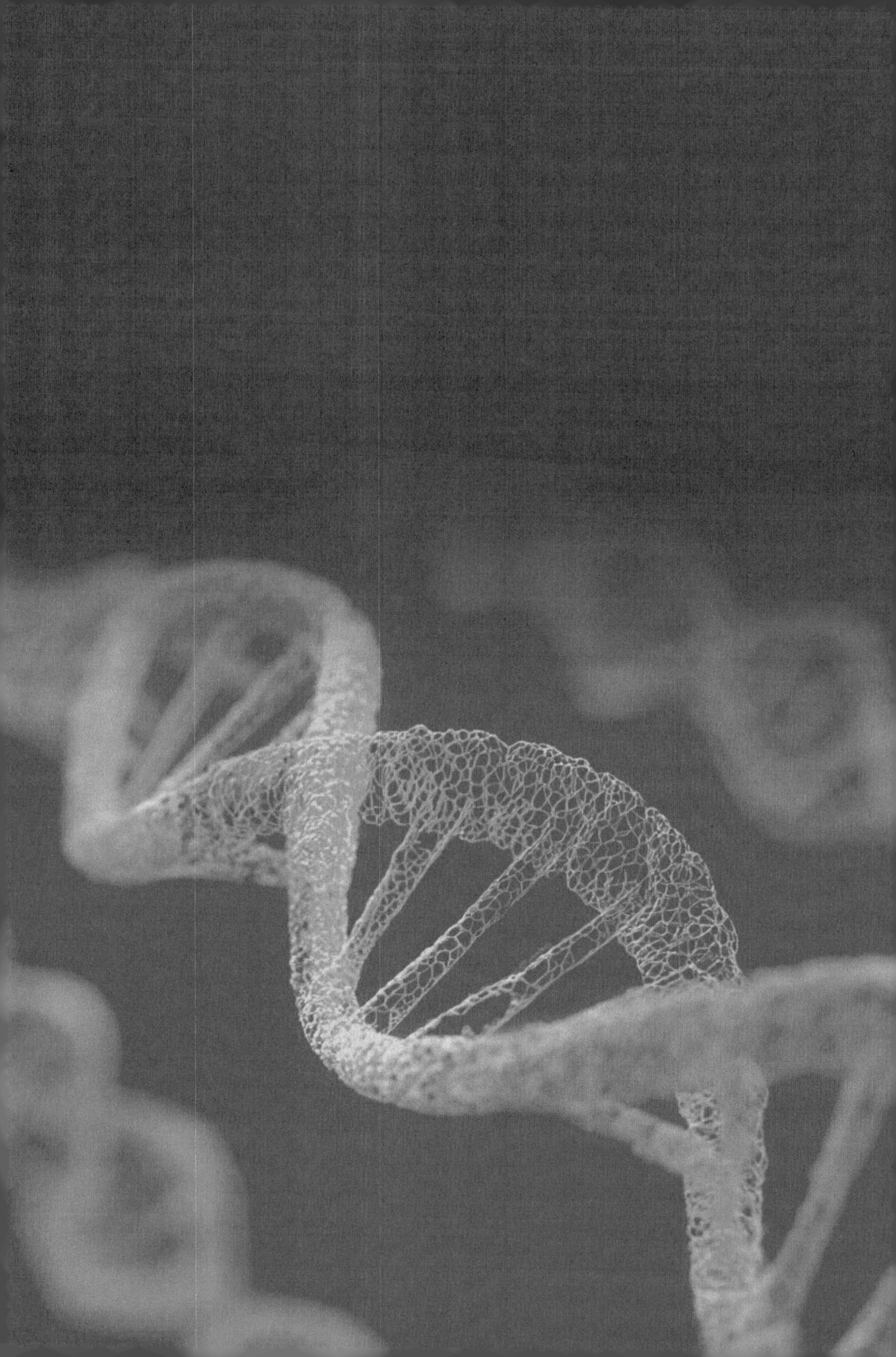

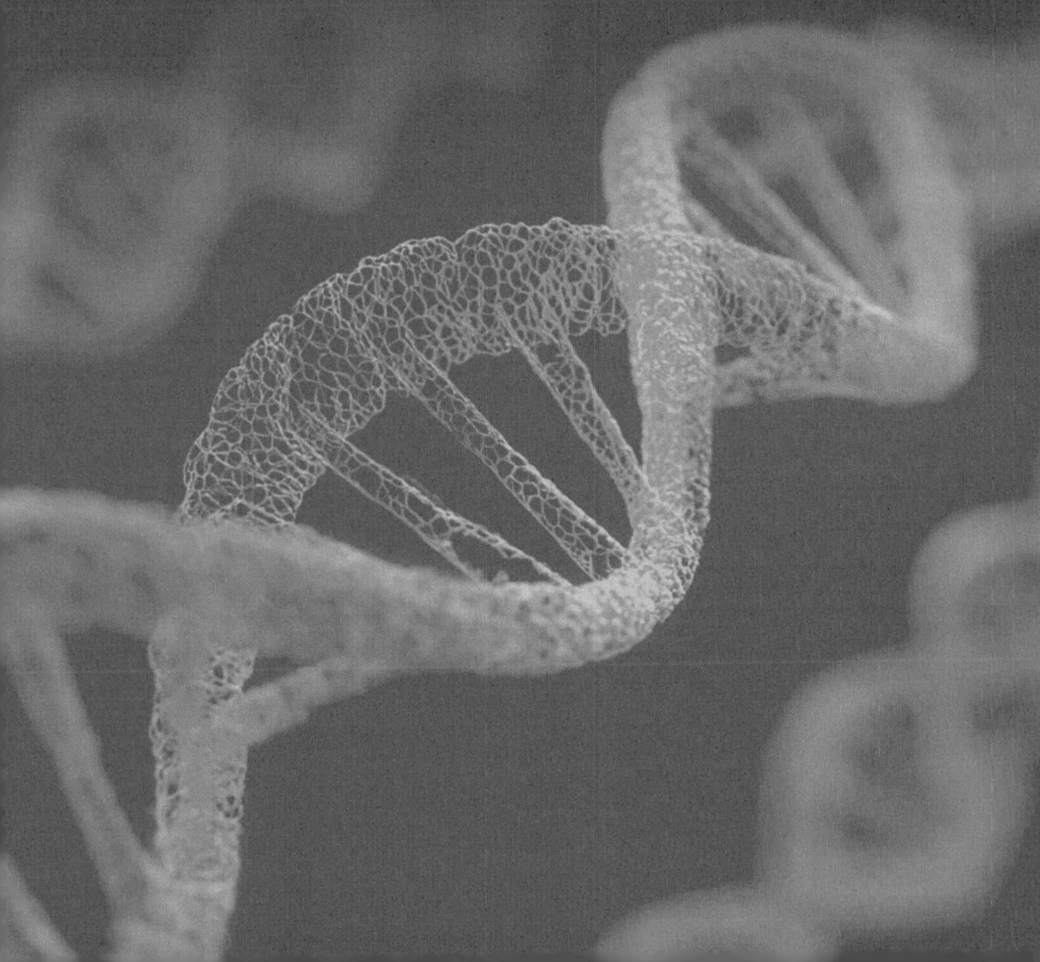

생명체의 구성 물질

DNA Pioneers and
Their Legacy

바르노 강어귀에 있는 로스톡이라는 오래된 도시는 유명한 생화학자인 코셀(Albrecht Kossel)의 고향으로, 12세기에 형성되었다. 이 지역을 다스리던 멕클렌부르크의 오보트리 왕자는 삭소니의 군주 헨리에 의해 정복되면서 기독교를 받아들였다. 14세기에 로스톡은 강력한 한자 동맹(Hanseatic League)의 일원이 되어 번영했다. 이 도시는 15세기와 16세기에 경제적으로나 상업적으로 가장 번성했지만 19세기 말까지도 반(半)자치 도시로 남아 있었다.

유전 물질

코셀은 1853년에 부유한 상인이자 은행가의 아들로 태어났다. 그는 2남 7녀의 대가족 속에서 행복하게 자랐으며, 동생인 헤르만(Hermann) 또한 의사이자 과학자가 되었다.

코셀은 학생 시절부터 자연과학에 관심이 많았으며 특히 식물학과 화학에 흥미를 느꼈다. 1872년에는 9년 과정의 인문 고등학교를 졸업하고 스트라스부르 대학에서 의학을 공부했는데, 그곳에서는 베이어와 호페-자일러 교수가 활발히 연구를 하고 있었고, 훗날 유명한 화학자가 된 대원학생 피셔가 베이어 교수 밑에서 연구하고 있었다. 이러한 학구적인 분위기와 호페-자일러 교수와의 인연은 코셀에게 많은 영향을 주었고, 또한 화학에 대한 관심도를 더욱 높여 주었다. 그는 고향인 로스톡에 돌아와서도 의학 공부를 이어 갔으며, 1419년에 세워진 대학의 의대를 졸업했다. 그는 생화학을 전공하기로 마음먹고 1877년에 스트라스부르로 돌아와 호페-자일러 교수 실험실에서 연구를 하게 되었는데, 이곳은 곧 독일에서 생화학 실험의 선두가 되었다.

미셔의 선구적인 논문을 실었던 『호페-자일러, 의화학 연구지』의 같은 호에서, 편집자인 호페-자일러는 효모에서 자신이 발견한 뉴클라인에 대한 내용도 실었다. 이러한 주장은 당시 잘 알려진 생물학자인 네겔리(Karl Wilhelm von Nägeli)와 그의 동료인 뢰브(Oscar Loew)에 의해 평가 절하되었다. 두 사람은 호페-자일러가 무기 인산으로 오염된 일종의 알부민을 발견한 것에 불과하다고 생각했다. 코셀은 그의 스승에 도전하는 이들에 과감히 맞서 효모에는 인산이 풍부한 물질이 존재하며, 뉴클라인과 용해도가 같다는 것을 확인하는 논문을 발표했다. 코셀은 핵산 분야의 연구에 많은 기여를 했는데, 이 결과는 그중 첫 번째이다.

코셀은 여러 재료로부터 얻은 뉴클라인은 요산을 닮은 하이포크산틴(Hypoxantine)과 크산틴(Xanthine)을 포함하는데, 미셔가 난황에서 발견한 인산이 풍부한 물질은 가수분해 시 하이포크산틴과 크산틴이 발견되지 않음을 확인했다. 미셔가 믿었던 난황 속의 뉴클라인은 훗날 인산을 포함하는 포스비틴(Phosvitin)으로 밝혀졌다. 전에는 하이포크산틴이 단백질을 구성하는 성분으로 알려졌는데, 코셀은 단백질을 매우 조심스럽게 정제해 분석한 결과 그 안에 하이포크산틴이 없는 것을 확인했다. 그는 계속된 연구 끝에 일명 '크산틴체'라고 하는 아데닌, 구아닌, 하이포크산틴이 뉴클라인을 가수분해하면 나온다는 사실을 밝혀냈다. 20세기로 접어들면서, 하이포크산틴은 아데닌에서 아미노 그룹이 떨어져 나간 것이고, 크산틴은 구아닌에서 아미노 그룹이 떨어져 나간 것이며, 아데닌과 구아닌은 모든 뉴클라인의 구성 성분이라는 사실이 밝혀졌다(그림 1. 참조).

1889년에 올트먼은 단백질이 오염되지 않은 순수한 뉴클라인을 분리해 냈으며, 비로소 이 물질을 지금의 용어인 '핵산'이라고 명명했다. 코셀과 그의 동료인 올트먼은 흉선에서 단백질이 없는 핵산을 얻은 후 강산으로 가수분해하여, 1893년 티민이라는 새로운 핵산의 구성 성분을 얻었다. 미셔가 죽은 뒤 발견된 그의 실험 노트에도 티민이라는 물질은 이미 분석된 것으로 기록되어 있었다. 티민은 퓨린 형태의 화학 물질이 아니라 피리미딘 계통의 물질임이 명확히 밝혀졌다. 1901년에 코셀의 동료인 슈토이델(Hermann Steudel)은 피리미딘 중 처음으로 발견된 티민의 구조를 결정했고, 1894년에 코셀과 노이만(Albert Neumann)은 시토신이라는 피리미딘을 발견했다.

아데닌과 구아닌처럼 시토신도 흉선 세포와 효모에서 얻어진 핵산에서 발견했다. 그러나 1900년에 코셀의 동료인 아스콜리(Alberto Ascoli)는 효모의 핵산을 가수분해하여 또 다른 핵산의 성분인 우라실을 발견했다. 몇 년 후에 코셀의 다른 동료인 레빈(Phoebus Levene)은 효모의 핵산은 우라실과 시토신은 갖고 있지만 티민은 없다고 주장했다. 흉선과 효모로부터 얻은 핵산은 다른 종류의 구성 성분을 갖고 있는 것처럼 보였으며, 이는 1890년에 코셀과 스웨덴의 생화학자인 함마르스텐(Olof Hammarsten)이 독립적으로 얻은 결과와 일치했다. 이들은 강산으로 핵산을 가수분해하면 핵산의 당이 푸르푸랄(Furfural)로 전환하는 것에 근거하여, 효모의 핵산에서 1893년에 코셀이 발견했던 5탄당이 존재함을 보여 주었다. 한편 흉선의 핵산의 당 성분은 같은 조건에서 푸르푸랄로 전환되지 못하고, 다른 화합물인 레불린산(Levulinic acid)을 생성했다. 사실상 상당 시간이 흘러서야 레빈이 흉선에서 발견한 당이 디옥시리보오스라는 5탄당으로, 2번 탄소에 붙어 있는 OH라는 수산기가 수소 원자로 바뀐 것임을 알게 되었다(그림 1). 지금 우리는 디옥시리보오스를 함유하는 핵산을 디옥시리보핵산 또는 DNA라고 부르며, 리보오스를 갖는 핵산을 리보핵산 또는 RNA라고 칭한다. 당시에는 DNA와 RNA가 각각 흉선 핵산과 효모 핵산으로 널리 알려졌지만 실제로 두 핵산은 모든 세포에서 동시에 존재한다.

코셀은 호페-자일러의 연구실에서 1883년까지 연구를 수행했으며 언제나 스트라스부르에서 보냈던 그 시절이 매우 즐거웠음을 이야기하곤 했다. 그러나 베를린에 있는 유명한 생리학자인 뒤부아-레이몽(Emil

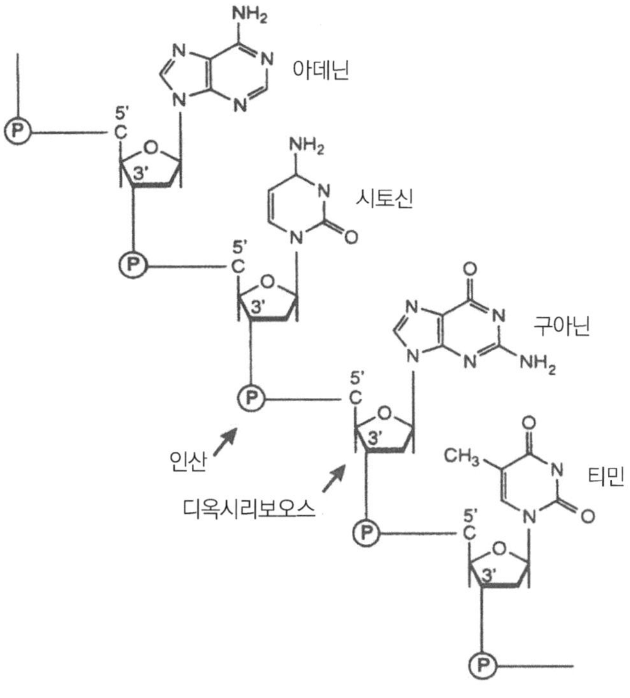

NH₂
아데닌
5'
C
O
3'
P
NH₂
시토신
5'
C
O
3'
P
O
구아닌
NH₂
5'
C
O
3'
인산
디옥시리보오스
P
O
CH₃
티민
5'
C
O
3'
P

그림 1. 몇 가지 벽돌이 모여 벽을 구성하듯이, DNA는 아데닌, 티민, 시토신, 구아닌의 4종류 염기로 이루어진 4가지의 뉴클레오티드로 이루어져 있다.

DuBois-Reymond)의 연구소에서 화학 분야의 책임자가 되어 줄 것을 제의받았을 때 그로서는 이를 뿌리치기가 어려웠다. 그러나 코셀은 다른 한편으로 프러시아와 관계를 맺는 것 자체에 불쾌한 느낌을 가졌던 것으로 보인다. 이런 성향은 군림하려 드는 프러시아 방식을 좋아하지 않는 로스톡 지방 특유의 자유로운 한자 동맹 문화 속에서 성장하며 형성된 것으로 보인다. 그럼에도 불구하고 그는 베를린에서 보냈던 12년 동안 과학적으로 매우 풍요로운 성과를 거뒀으며, 그곳에서 미셔가 발견했던 프로타민에 대응하는 물질이 일반적인 세포의 핵에 존재함을 발견했다. 그는 이 물질을 '히스톤'이라고 명명했으며, 이 물질이 뉴클라인과 산-염기적 상호작용을 통해 마치 염과 유사한 복합체 형태로 존재함을 밝혔다. 히스톤은 뒤에 여러 가지 염기성을 띤 작은 크기의 단백질임이 밝혀졌다. 코셀은 프로타민과 히스톤에서 공통적으로 많은 양을 차지하고 있는 염기성 아미노산에 대해 많은 관심을 기울였다.

차곡차곡 쌓아 올려지는 벽돌과 같은 구성 요소에 관한 생각은 코셀에게 매우 소중했으며, 때로는 이런 생각에 대한 집착이 지나쳐 과로하기도 했다. 그럼에도 불구하고 핵산과 염색질을 구성하는 벽돌과 같은 구성 요소에 대한 화학적 특성을 밝힌 업적은, 지나칠 정도로 신중하면서도 수줍음이 많은 그의 명성이 오래 지속되도록 만들었다. 그는 미셔의 위대한 발견을 계승했으며, 두 사람이 성격적으로 매우 닮았을 뿐만 아니라 스승도 같았다는 점에서 매우 흥미롭다.

1886년 코셀은 홀츠만(Luise Holtzmann)과 결혼했는데, 그녀는 유명

코셀(Albrecht Kossel, 1853~1927).

한 언어학자의 딸로서 매력적이며 매우 총명한 여성이었다. 그녀가 문학과 예술에 조예가 깊었던 데 반해 코셀은 과학 이외에는 별 관심이 없었다. 홀츠만은 외향적이면서 재치 넘치는 대화를 이끌어 갈 수 있는 소질을 타고났으나, 코셀은 수줍어하고 말수가 적었다. 이렇게 뚜렷한 성격 차이에도 불구하고 그들의 결혼 생활은 매우 행복했다.

코셀은 점점 더 유명해졌고, 1895년 그의 스승이었던 호페-자일러가 타계하면서 그가 맡고 있던 『생리화학지(Zeitschrift für Physiologische Chernie)』의 편집자가 되어 죽을 때까지 그 임무를 수행했다. 이후 코셀 가족은 헤세 지역에 있는 작은 도시인 마르부르크로 이사했고, 코셀은 베링(Emil von Behring)과 같이 유명한 의과 교수가 많은 그곳 대학의 생리학 교수가 되었다. 코셀은 재능 있는 학생과 협력자를 자기 연구실로 끌어모으는 능력이 있었다. 많은 사람들이 외국에서 유학을 왔는데, 그 중에서도 레빈이 가장 유녕해셨다. 그가 가르쳤던 의과대학 학생들은 코셀이 타고난 웅변가는 아니지만 강의를 잘하는 교수라고 평가했다. 그는 미셔가 그랬던 것처럼, 자신의 부족한 부분을 강의로 철저히 준비함으로써 보완했다.

코셀은 명실상부하게 미셔의 계승자가 되었는데 실제로 두 사람이 많이 교류했는지는 의문이다. 성격의 명확한 유사성에도 불구하고 코셀은 공손하기는 했지만 미셔처럼 스스로에게 비판적인 성향은 아니었으며, 그와는 반대로 과학과 관련된 목적을 추구함에 있어 결코 양보하지 않았다. 그는 제자들 앞에서 불쾌한 모습을 보이거나 감정이 상한 모습을 결코 보이지 않았으며 제자들은 그의 절제성에 깊은 찬사를 보냈다. 실험을 열심히 하다 보면 때로는 기분이 상할 때도 있게 마련인데, 코셀의 이런 품행은 그의 낙천성과 정서적 안정성을 보여 주는 단적인 예라고 할 수 있다.

과학자로서 지도적 위치에 있었던 두 사람 사이의 차이점은 학계가 그들의 발견을 수용하는 방식에서도 찾아볼 수 있다. 미셔는 핵산 연구의 개척자였음에도 불구하고 사후에야 그 업적을 인정받게 되었지만, 코셀은 그의 생전에 많은 영예를 얻었다. 1901년 그는 하이델베르크 대학의 생리학 석좌교수가 되었다. 풍문에 의하면 그가 이 직책을 수락한 것은 프러시아로부터 빠져나오기를 원했기 때문이라고 한다. 그는 여러 개의 명예 박사학위를 받았고, 1907년에는 여러 가지 귀한 특권이 부여되는 추밀관의 칭호도 받았다. 그로부터 3년 후에는 세포의 핵에 대한 연구로 과학자에게는 최고의 영예인 노벨 생리의학상을 수상했다. 외국에서 재능 있는 젊은 과학자들이 그에게로 모여들었고, 국제적 명성과 세계적인 과학자들과의 교류는 그에게 큰 만족감을 주었다.

그의 정치적 견해는 자유주의적이었던 것으로 보이며, 제1차 세계대전을 불러왔던 맹목적 애국주의 물결이 그에게는 불쾌하고 충격적이었다. 한 해 앞서 그의 아내가 짧은 병고 끝에 세상을 떠나자 그는 큰 슬픔에 잠겼다. 아내가 옆에 없다는 사실은 심한 고립감과 함께 삶의 의욕을 떨어뜨렸으며, 설상가상으로 전쟁은 그가 그토록 중요시하던 국제 교류마저 막고 말았다.

그는 독일의 과학이 국제적으로 격리되는 것에 대해 심각하게 우려했으며, 다른 독일 교수들과는 달리 명시적으로 애국적 견해를 밝히는 일에 동참하기를 완강히 거부했다. 또한 그는 연합군의 봉쇄로 독일의 식량 사정이 악화하자 국민의 영양 상태에 문제가 없다는 견해를 밝히도록 강요하는 정부에 결코 협력하지 않았다.

드디어 전쟁이 끝나고 국제 교류가 재개되어 외국에서 열리는 국제 학회에 참가하게 되자 그는 매우 기뻤다. 1923년 제11차 국제생리학회가 에딘버러에서 열렸을 때, 그는 지도적 학자로서 환영을 받았으며 대학으로부터 명예 박사학위를 수여받았다. 과거의 적으로부터 독일의 대표적 과학자로 대접받는다는 사실에 어린아이처럼 기뻐한 그의 행동은 감동적이기까지 했다고 당시 사람들은 회상했다.

이 단순하면서도 존경할 만한 사람에게는 무엇인가 정말로 매력적인 면이 있었다. 그가 74세를 일기로 평화롭게 눈을 감았을 때 그와 함께 연구했던 동료 중 한 사람은 그의 일생을 독일의 신고전주의자인 빙켈만(Johann Winkelmann)의 글을 인용하며 애도했다. "숭고한 단순성과 조용한 위대함(Edie Einfalt und stille Grösse)". 과학자에게 바치는 비문으로 꽤 괜찮은 것이리라.

위대한 화학자

1918년, 피셔는 죽기 한 해 전에 『나의 생애에 관하여(Aus meinem Leben)』라는 제목의 책 표지 안쪽에 '행복하지 않은 1918년에 씀(Geschrieben in dm Unglücksjabre 1918)'이라는 부제로 사후 출판된 짧은 자서전적 회고록을 집필했다. 건강을 회복하기 위해 로카르노와 칼 슈마트 지역을 여행하면서 회고록과 같은 성격의 초고를 쓰던 그때가 그에게는 여러모로 아주 어려운 시기였다. 23년 전 부인과 사별한 이래, 그는 세 아들 중 둘을 잃었으며, 건강은 아주 나빴고, 조국은 패전했다. 이런 모든 것들을 감안할 때, 그의 회고록은 구약 성서 중 하나인 「욥기(Book of Job)」처럼 보일 수도 있겠지만, 그런 것은 아니었다. 더구나 생화학과 유기화학의 역사에서 피셔가 차지하는 엄청나게 큰 위치를 감안할 때, 그의 자서전 내에서 과학, 그리고 과학의 사회적 역할, 철학 및 윤리학과의 관계 등에 대한 언급을 기대할 수도 있을 것이다. 그러나 이 자그마한 책에 그런 내용은 한 구절도 없었다.

피셔의 회고록에서는 통찰력과 심오함을 발견할 수 없다. 오히려 책을 쓰면서 머리를 스치는 것은 무엇이든 간에 그대로 적어 놓은 듯한 천진함과 즉흥성이 보일 뿐이다. 그는 어린 시절 자신을 둘러싸고 있던 세상, 즉 부모님, 누나들(그는 8남매 중 외아들이자 막내로 태어났다), 삼촌과 숙모들, 그리고 많은 사촌 형제들에 대해 매우 즐거운 기억을 그려 냈다. 언뜻 보면, 책에 깊이가 없어 매우 충격적일 수도 있다. 한 세대에 걸쳐 화학의 발전에 지울 수 없는 족적을 남긴 그 예지는 어디에서 찾는단 말인가? 그러나 책을 덮는 순간 누구나 이 회고록의 소박함에 마음을 사로잡히고 만다.

피셔는 라인강 왼쪽 아이펠고원에 있는 프라머스하임의 조그마한 마을에서 17세기 말엽부터 터를 잡고 살아온 신교도 집안에서 태어났다.

피셔 집안의 부계 혈통은 하마터면 끊어질 뻔했는데, 결혼하지 않고 혼자 살던 피셔의 할아버지가 성격이 거친 누이에게 집안일을 맡기면서 평생 혼자 살기를 원했기 때문이었다. 그러나 어느 날 누이가 포도주 창고 열쇠를 주지 않자, 그는 마음을 바꾸었다. 오라비에 대한 무례한 처우에 너무나도 분개한 나머지, 49세 나이의 노총각은 독신 생활에 관한 생각을 바꾼 것이다.

이 사건으로 결혼하게 된 피셔의 할아버지는 5명의 자녀를 두었고, 아내는 6번째 아이를 출산하다 그만 세상을 떠났다. 피셔의 할아버지는 부인이 죽은 후 2년 뒤에 죽었는데, 그때 고아로 남겨진 피셔의 아버지는 라인강 근처의 뮐하임에 살고 있던 숙모에게 맡겨졌다.

피셔의 아버지 로렌츠 피셔(Laurenz Fischer)는 그의 자서전에서 매우 비중 있게 다루어지고 있다. 로렌츠는 인정이 많은 전형적인 아버지의 모습 그 자체였다. 그는 크고 튼튼한 체구를 가진 아주 건강한 사람이었으며 95세까지 살았다. 공부는 그리 잘하지 못해 14세에 학교를 그만두었지만, 상식이 풍부했으며 웬만한 수준의 사업가로 성공할 수 있는 머리를 가지고 있었다. 그는 사냥과 야외 활동을 좋아했다. 따뜻한 마음과 좋은 품성을 지닌 그는 자녀들을 결코 야단치는 일이 없었으며, 벌을 주는 일은 엄격한 성품을 지닌 그의 아내 줄리(Julie Fischer)의 몫이었다.

로렌츠는 자유주의적 견해를 가진 사람으로서 무신론자였으며, 죽는 그날까지 인생을 즐기고자 하는 쾌락주의자였다. 실제로 피셔는 아버지가 숨을 거두던 날을 이렇게 회상하고 있다. "아버지는 당신이 가장 즐겼

피셔(Emil Fischer, 1852~1919).

던 맥주를 크게 한 잔 비우고 나서 수염을 닦으면서, '보통 사람이 단돈 몇 푼으로 이렇게 좋은 음료수를 마실 수 있다는 것은 아무래도 너무나 멋진 일이다'라고 말한 뒤 한 시간 후에 숨을 거두었다."

그의 어머니 줄리 피셔는 여러 가지 면에서 그의 아버지와 반대였으나, 그들의 결혼 생활은 행복했던 것으로 보인다. 그녀는 매우 신중하고, 지적인 편이었으며, 비스마르크(Bismarck)를 숭배했다. 1860년대 무렵 비스마르크가 프러시아 의회와 충돌하자 그녀는 공개적으로 비스마르크를 지지했다. 그녀는 다른 가족들이 비스마르크와 같은 위인을 알아보고 그를 이해하기에는 너무 모자란다고 생각했다. 프러시아의 귀공자 또는 철혈 재상으로 불리는 비스마르크를 존경하지 않았던 그의 아버지는 그의 어머니를 '비스마르크 부인'이라고 장난스레 부르곤 했다. 피셔가 경외심을 가지고 어머니를 존경했다는 점은 부인할 수 없지만, 그의 회고록은 유쾌하게 인생을 즐기는 아버지에 대해 그가 좀 더 호의적이었음을 암시하고 있다

피셔는 1852년 아이펠고원 북쪽에 있는 작은 마을에서 태어났다. 그의 아버지는 사업체를 그곳으로 옮겨 왔으며, 그의 가족은 동업자이기도 했던 삼촌네와 이웃한 큰 집에서 살았다. 피셔는 행복한 유년 시절을 보냈던 것으로 보인다. 많은 누이들이 그를 과잉보호하거나 너무 응석받이로 취급할 때면 언제나 그는 삼촌네로 도망가서 사촌 형제들과 거칠게 장난을 치며 놀곤 했다. 아버지와 달리 그는 학교에서 뛰어난 학생이었는데, 아마도 이런 지적 능력은 그의 어머니로부터 물려받았던 것 같다.

1869년 그는 우수한 성적으로 본에 있는 인문 고등학교를 졸업했으나, 문법 공부만을 강조하고 박물학과 문학 및 문화사와 같은 인문과학을 등한시하는 그곳 교육 방식에는 심한 거부감을 가졌었다고 회고록에서 밝히고 있다.

피셔의 나이가 17살이 되었을 때 그는 장래를 결정해야 했는데, 아버지는 그에게 사업 경험을 쌓으라고 권유했고, 피셔는 목재업을 경영하는 매형 프리드리히(Max Friedrich)의 가게에 억지로 고용되었다. 그는 공장 한편의 빈방에 실험실을 차려 놓고 화학 실험을 시작했는데, 그의 상급자는 이 신출내기 화학자가 불을 내지는 않을지 걱정이 많았다. 그의 이런 행동을 못마땅하게 여긴 매형은 가족들 앞에서 이렇게 쓸모없는 신출내기는 처음 본다면서 "이 아이는 아무것도 성취할 수 없을 것"이라고 선언했다. 아버지 로렌츠도 사위의 말에 동감하면서 "이 아이는 머리가 너무 나빠 상인이 되기는 틀렸고, 할 일이라고는 공부밖에 없다"라고 결론 지었다. 그래서 피셔는 박물학 특히 화학을 공부하기 위해 본 대학에 진학했다. 사실 그의 적성은 물리학 쪽이었으나, 그의 아버지는 물리학이 너무 이론에 치우쳐 있어 장래 경제적인 안정을 찾기가 어려울 것으로 생각했다. 피셔는 쉽게 낫지 않는 위염 때문에 1871년까지 공부를 시작할 수 없었으며, 결국 그 좋아하는 담배, 맥주와 결별해야 했다. 그는 일생 내내 위염 때문에 많은 고생을 했다.

대학에서 그는 유명한 화학자인 케쿨레의 영향을 많이 받았으며, 그의 강의는 매우 강한 자극이 되었다. 그러나 다른 화학 과목들은 눈물이

나올 정도로 지겨웠으며, 특히 여러 가지 침전물을 짜증이 날 정도로 반복해 씻어 내야 하는 정량 무기 분석은 그가 제일 싫어하는 과목이었다.

피셔는 46년이 지난 후에도 알루미늄 하이드록사이드의 침전물을 일주일 이상 계속 씻어 내야 했던 고통스러웠던 기억을 잊지 못했다. 게다가 당시에는 화학과에 흡입용 펌프도 설치되어 있지 않았다. 너무나 실망한 나머지 그는 화학 공부를 집어치울 뻔했으나 사촌 형제인 에른스트(Ernst)의 설득으로 다른 대학으로 전학했다. 유기화학이라는 학문은 피셔의 이 중차대한 시기에 에른스트가 개입함으로써 빛을 보게 되었다.

피셔는 다른 많은 사촌 형제 중 하나이자 나중에 유명한 화학자가 된 오토(Otto) 피셔와 함께 스트라스부르로 갔는데, 스트라스부르는 보불 전쟁 이래 독일의 영토였다. 그곳 대학에서 그는 당시 독일 화학계의 지도적 학자였던 베이어 밑에서 공부했다. 베이어와의 만남은 그의 꺼져가는 화학에 대한 관심을 불러일으켰으며, 그의 과학자로서의 반생에 결정적 영향을 미쳤다. 그는 스트라스부르에서의 생활을 매우 즐거워했던 것으로 보인다. 여기에서 지내며 위염도 깨끗이 사라졌는데, 피셔는 그 이유를 프랑스식 음식과 좋은 포도주 덕으로 돌렸다. 그는 열심히 공부했고, 1874년에 대학을 졸업했다. 베이어가 뮌헨에 새로운 자리를 잡아 옮겨 가게 되자 피셔도 그를 따라갔다. 피셔는 회고록에서 어머니가 뮌헨으로 옮겨 가는 것을 매우 걱정했다고 회상하고 있는데, 그의 어머니는 그곳에서 장티푸스가 유행했고, 2년 전에는 콜레라가 창궐했었기 때문에 걱정이 많았다. 사실 피셔와 스트라스부르로부터 온 그의 동료들은 그곳

위생 당국에서 일하는 과학자의 충고를 들어야 했는데, 그 사람은 장티푸스가 발병한 위치를 표시해 놓은 뮌헨 지도를 가지고 있었다. 이 지도를 참조하여, 그들은 전염병 발병률이 가장 낮았던 지역에 거처할 집을 잡았고, 그 후 실험에 매진했다.

뮌헨에서 피셔의 가장 중요한 연구 결과의 하나는 반응성이 매우 높은 새로운 화합물, 즉 하이드라진(Hydrazine)을 발견한 것이었다. 이후 하이드라진은 탄수화물에 관한 그의 연구에 유용하게 쓰였다. 베이어는 피셔가 떠오르는 별과 같은 존재임을 깨닫고 격려와 지원을 아끼지 않았다. 뮌헨에서 피셔의 생활은 그와 잘 어울리는 편이었고, 그는 맥주를 마시며 대화하는 맥주 홀의 분위기를 마음껏 즐겼다. 1878년에 그는 교수 박사학위를 취득해 교수 자격을 얻은 후 계약제 부교수(Privatdozent)직에 임명되었다. 이는 학계에서 더 높은 지위를 얻기 위한 과정에서 중요한 디딤돌이 되었다.

1년 후 피셔는 부교수로 승진해 분석화학을 담당하게 되었다. 본에 있을 당시 그는 분석화학을 좋아하지는 않았지만, 이 새로운 지위는 대학에서 더 많은 영향력을 갖게 해 줄 것이었기 때문에 기꺼이 받아들였다. 당시 피셔의 나이는 27세밖에 되지 않았으나 과학자로서의 경력은 이미 화려하게 출발한 셈이었다. 연구는 매우 잘 진행되었지만, 그의 앞에는 많은 난관이 기다리고 있었다.

당시 화학 실험실에는 환기라는 개념이 없었기 때문에 화학 물질에 중독되는 경우가 다반사였다. 피셔는 1881년 산화수은이 하이드라진에

베이어(Adolf von Baeyer, 1835~1917).

미치는 영향을 연구하다가 급성 수은 중독에 걸렸다. 몇 달 후에 회복한 그는 1882년 에어랑엔 대학교(Erlangen University) 화학과의 정교수가 되었다. 그는 여기서도 인산화염소에 장기 노출되어 한 차례의 중독을 겪었으며, 자신이 이 때문에 1년 동안 만성 기관지염에 걸렸다고 생각했지만, 심한 흡연 역시 그 원인이 되었을 것으로 여겨진다. 10년 후에 그는 자신이 가장 아끼는 하이드라진에 또 한 번 중독된다. 피셔는 하이드라진을 "진실로 사랑스러운 나의 염기성 물질, 나에게 있어서 처음이면서 영원히 역사에 남을 화학적 연인"이라고 불렀으며, 15년 동안이나 그것을 연구했다. 피셔는 연인의 맹독성을 깨닫지 못했고, 조수들 역시 하이드라진 중독으로 고생해야만 했다. 심지어 그는 자신이 하이드라진에 면역이 생겼다고 여겼다. 피셔는 심각한 위장병의 징후를 보였으며, 최소한 12년 동안은 중독증으로 고생했다. 이후 그가 중독에서 완전히 벗어났는지조차 의심스럽다.

에어랑엔에서 보낸 연구 생활은 뮌헨에서 그랬던 것처럼 그에게 딱 맞는 것은 아니었다. 괴로운 기관지염에서 회복되는 동안, 그는 뷔르츠부르크 대학(Wiirzburg University)의 화학과 교수 자리에 공석이 있는 것을 알았고, 이에 관심을 가지게 되었다. 뷔르츠부르크 교수진은 피셔를 가장 적합한 후보로 생각했는데, 그의 병세가 매우 심했기 때문에 다른 사람이 그 자리의 후보로 거론되고 있었다. 이런 상황을 알게 된 피셔는 자신이 병에서 완전히 회복되었으며 새로운 직위를 맡을 준비가 되었다고 알려 주었다. 그러자 뷔르츠부르크 교수진은 동물학자 셈퍼(Semper)

를 보내 그와 인터뷰를 진행하게 하고, 건강 상태를 알아보았다. 피셔는 회고록에서, 자신의 건강 상태를 알아보기 위해 원로 교수들이 먼 길에도 불구하고 셈퍼를 급히 보냈던 사실을 재밌는 일화로 기술하고 있다. 다행히 피셔는 병에서 회복했고, 먼 길을 오느라 숨이 턱에 닿은 셈퍼보다 양호한 건강 상태를 유지하고 있었다. 곧 피셔는 건강 상태와 체력에 있어서 아무런 문제가 없음을 교수진에게 충분히 입증할 수 있었다.

피셔는 뷔르츠부르크에서의 7년을 알차고 생산적으로 보냈다. 그는 탄수화물 연구를 계속했고 이 분야의 리더로서 몇몇 물질들에 이름을 붙였다. 1884년 연구 과정 중, 두 개의 서로 다른 고리 구조로 구성된 화합물을 퓨린이라고 명명했는데, 1776년에 셸레가 발견한 요산 역시 이 그룹에 속한다. 당대의 뛰어난 화학자들도 이 연구에 참여했으며, 그들 중에는 뷔르츠부르크에 있는 피셔의 동료인 메디쿠스(Ludwig Medicus)도 포함되어 있었다.

그는 1875년에 몇 개의 다른 퓨린과 함께 요산의 구조를 제시했다. 요산은 1888년에 베렌트(Behrend)와 루센(Roosen)의 연구로 합성 과정이 잘 알려져 있었지만, 이 화합물의 구조를 결정하는 데는 피셔의 유기화학 연구가 필수적이었다. 피셔와 그의 공동 연구자들은 각고 끝에 세기가 바뀔 즈음에는 130종류의 퓨린 구조를 밝혀냈다. 이렇게 해서 구조가 밝혀진 퓨린 중에는 DNA와 RNA를 구성하는 아데닌과 구아닌도 포함되어 있었다.

뷔르츠부르크에서 피셔는 에어랑엔 출신의 뛰어난 해부학자의 딸인

게를라흐(Agnes Gerlach)와 결혼했다. 당시 피셔는 36살이었으며, 그전까지는 여성들과 시간을 보내는 일이 많지 않았다. 그의 회고록에서도 결혼에 대한 뚜렷한 언급은 없지만, 결혼 생활은 퍽 안정적이었고, 그는 세 명의 아들을 두었다. 피셔는 매우 행복했으며, 1892년 여름 베를린 대학교에서 화학과 학과장직을 제안받았다. 그는 여전히 하이드라진 중독으로 고생하고 있었기 때문에 처음에는 큰 관심이 없었으나, 아내는 일단 베를린으로 가서 학과장직에 대해 알아보라고 그를 설득했다.

베를린에 도착한 피셔는 그곳에서 별다른 좋은 인상을 받지 못했다. 베를린은 뷔르츠부르크에 비해서 경관이 뛰어나지도 않았고, 전체적인 분위기는 지나치게 딱딱한 프러시아풍으로 느껴졌다. 그러나 당시 그는 독일의 젊은 유기화학자로서 명성을 떨치고 있었기 때문에 베를린 대학교는 그를 데려오기 위해서라면 새로운 화학연구소 설립을 포함해 모든 투자를 할 준비가 되어 있었다. 마침내 피셔는 그 지위를 승낙했지만, 대학 측의 약속은 지켜지지 않거나 오랜 시간이 지난 후에야 이루어졌다. 예를 들어 새로운 연구소는 1900년까지도 현실화하지 않았다.

피셔는 여생을 베를린에서 지냈으며 여러 면에서 지극히 뛰어난 성공을 거두었다. 그동안 쌓은 명성 덕분에 그의 연구실에는 일류 학자들이 모여들었다. 곧 그는 국제적으로 유명한 학부를 만들 수 있었다. 피셔는 탄수화물과 퓨린에 대한 선구적인 연구를 계속했고, 그 공로를 인정받아 1902년 노벨 화학상을 수상했다. 그는 아미노산과 펩티드에 대한 연구에도 업적을 남겼으며, 이미 당대를 대표하는 화학자가 되어 있었다.

1869년에 피셔를 재주 없는 풋내기 견습공이라고 운운하며 결코 성공할 수 없을 것이라고 호언장담한 매형의 예언은 보기 좋게 빗나간 셈이었다. 교수로서 피셔의 삶은 지극히 성공적이었으며 그 자신의 기대조차도 넘어서고 있었다. 그러나 그의 공적인 성공에도 불구하고, 사적인 삶은 불행이 끊이질 않았다.

결혼한 지 7년이 되던 해 그의 아내가 갑자기 수막염으로 세상을 떠났다. 귀에 생긴 염증을 대수롭지 않게 생각하다가 악화한 것이다. 그는 세 명의 자녀와 홀로 남게 되었는데, 그중 막내는 고작 1살밖에 되지 않았다. 피셔는 재혼하지 않았고, 아내가 죽은 후 모든 가사는 충실한 가정부인 바르트(Margarete Barth)에게 맡겨졌다. 이후 피셔의 세 아들 중 첫째 아들인 헤르만(Hermann)은 뛰어난 생화학자가 되었지만, 두 동생은 비참한 죽음을 맞이했다.

둘째 아들은 의학을 공부하기로 정하고 의대에 들어갔으나 2년 후 신경쇠약에 걸리고 말았다. 1914년에 회복이 되자 곧 의사로서 군 복무를 해야 했으나 군 복무 몇 달 만에 신경쇠약이 재발했고, 치료를 위해 휴가를 받았으나 불행하게도 이후 병세는 계속 악화해, 몇 번의 회복기를 반복한 후 1916년에 결국 정신병원에 입원하게 되었다. 그는 심한 우울증에 빠졌으며, 결국 25살이 되던 해에 스스로 목숨을 끊었다. 피셔는 자서전 초고에서, 아들이 병에 걸려서 죽은 데 대해 자세히 설명했지만, 둘째 아들의 이름을 밝히지는 않았다. 둘째 아들이 죽은 지 2년이 지났고, 노트에는 아들의 이름이 가득 차 있었지만, 그는 아들을 잃은 고통이 너무

심한 나머지 무의식중에도 아들의 이름을 꺼내지 않은 듯하다.

막내아들인 알프레트(Alfred)는 그의 아버지와 큰형처럼 화학자가 되고 싶어 했지만, 피셔는 의학을 공부하도록 설득했다. 아들은 매우 연약한 피부를 가지고 있었으며, 피셔는 하이드라진이 피부에 미치는 영향을 이미 알고 있었다. 알프레트가 하이델베르크에서 공부하는 동안 제1차 세계 대전이 발발했고, 1915년 그는 군의로 입대했다. 1년 후 그는 의무장교의 보좌관이 되었고, 루마니아에 있는 폴켄하인(Falkenhayn) 장군의 부대에 배치되었다. 1917년에 알프레트는 부카레스트에 있는 격리 병동에 배속 됐는데, 그곳의 위생 상태는 극히 나빴다. 결국 장티푸스에 걸린 알프레트 는 2주일 만에 죽었다. 당시 폴켄하인 부대에 근무하고 있던 첫째 아들만 이 막냇동생의 장례식에 참석하기 위해 짧은 휴가를 받았을 뿐이었다.

따라서 피셔가 회고록에서 제1차 세계대전을 혐오스러운 전쟁이라고 표현한 것은 쉽게 이해할 수 있다. 피셔는 한번도 독일의 맹목적 추종자 가 된 적이 없었다. 그는 프랑스가 프랑코-프러시아 전쟁에서 패배하고, 독일이 유럽에서 경제적으로나 과학적으로 가장 강한 나라가 되었을 때 도 프랑스와의 과학적 교류를 끊지 않았다. 그는 과학을 일종의 국제적 인 형제애 개념으로 생각했다. 그런 그에게 세계대전은 큰 재앙을 몰고 온 한차례의 폭풍이었으리라.

1919년 여름, 피셔가 죽었을 때 세계대전으로 세상은 온통 황폐해졌 으며 아마도 이 위대한 과학자는 이 암울한 시기가 자신이 떠나야 할 때 라는 걸 알았던 것 같다.

러시아 출신의 당찬 사나이

유럽 역사의 어두운 페이지 중 하나인 반유대주의는 중세 시대, 심지어는 그리스와 로마 시대까지 거슬러 그 기원을 찾을 수 있다. 물론 주된 원인은 종교적인 것이었으며, 가톨릭교회는 이에 대해 사죄해야 할 책임이 있다. 가톨릭에 적대적인 이슬람은 오히려 유대교에 더 관용적이었으며, 사실상 유대인에게 도피처를 제공했다.

19세기에 반유대주의는 성격이 바뀌어 인종주의 형태로 나타난다. 이 시기의 중앙 유럽이나 동유럽의 여러 나라에서는 반유대주의가 강하게 나타나 분출했다.

이 시기에 가장 끔찍한 만행이 저질러진 곳은 러시아 제국이었다. 공포의 반유대주의와 대량 학살이 자행된 러시아 제국에서 1869년 레빈이 태어났다. 그는 사고르라는 작은 마을에서 솔롬(Solom)과 에타 레빈(Etta Levene)의 둘째 아들로 태어났는데, 원래 피버스라는 약간 이상한 이름을 가졌었다. 그의 유대식 이름은 피셀(Fishel)이었으며, 2년 후에 가족들이 세인트피터즈버그로 옮겨 갈 때 페오도르(Feoder)라는 러시아식 이름으로 바꾸었다.

아버지 솔롬 레빈은 기성복을 만드는 양복장이였고, 러시아의 수도에서 상당한 성공을 거두었다. 그는 가게를 3개나 운영했고, 그중 하나는 도시의 중심가인 네프스키 프로스펙트에 있었다. 여기에 사는 동안 자식들은 8명으로 늘어났다. 솔롬은 셔츠 제작 사업이 번창했기 때문에 레빈을 인문 고등학교에 보내 교육할 수 있었고, 이곳에서는 주로 라틴어와 그리스어를 가르쳤다. 레빈은 숙달된 언어학자가 되었으며, 먼 훗날 뉴턴의『프린키피아(Principia)』를 라틴어로 읽어 냈다. 그는 프랑스어와 독일어를 유창하게 구사했고, 강한 억양의 영어와 약간의 이탈리아어, 스페인어도 할 수 있었다.

인문 고등학교를 졸업한 뒤 레빈은 세인트피터즈버그 왕립의과대학에 합격했는데, 그는 법이 허락한 극소수의 유대계 학생 중 한 명이었다. 이 학교에는 유명한 보로딘(Alexander Borodin)이 화학과 교수로 있었으며, 그의 사위인 디아닌(Alexander Dianin)이 유기화학 교수를 맡고 있었다. 레빈은 디아닌의 눈에 띄어 화학을 접하게 되었으며, 디아닌은 레빈에게 화학을 전공하도록 조언했다. 그 이후로 레빈은 기초 임상의학보다는 기초과학 분야에 관심을 가지게 되었다.

그가 의과대학을 졸업하기 전 반유대주의는 대학살로 이어졌고, 레빈 가족은 1891년 미국으로 이주했다. 레빈의 이름이 흔하지 않은 피버스로 바뀐 것이 바로 이 시기이며, 그의 영어식 이름은 페오도르였다. 2년 후에 정확한 영어식 이름이 테오도르임을 알게 되었지만, 이미 유대식 이름과 피버스라는 이름이 알려져 있었기 때문에 일부러 이름을 바꾸지는 않았다. 바로 그가 전 세계적으로 핵산화학을 이끈 선구자 중 한 사람인 레빈이었다.

레빈은 러시아로 잠시 돌아가 의학 과정을 이수하고, 1892년 뉴욕으로 돌아온 뒤 그곳에서 의사 자격증을 취득했으며, 러시아계 유대인 거주지에서 계속 의학을 공부했다. 1896년 결핵에 걸린 레빈은 이를 치료하기 위해 뉴욕의 사라낙 호수와 스위스의 다보스에서 2년간 휴양했다. 병에서 회복한 후에는 마르부르크에 있는 코셀의 연구소에서 잠시 일하다가, 이후 베를린에 있는 피셔의 연구소로 가게 되었다.

유럽에서 단연 선두 주자였던 이 두 연구실을 접한 그는 임상의학보다는 기초 연구에 일생을 바치기로 결심하고, 1905년 록펠러 의학연구소(Rockefeller Institute for Medical Research)로 자리를 옮겨 1907년에는 연구원으로서 화학 분야를 맡게 되었다. 레빈은 1940년 사망할 때까지 이 연구소에 머물렀다. 그는 사라낙 호수를 매우 좋아해 그곳에서 종종 휴가를 보냈는데, 그러다가 안나 에릭손(Anna Erickson)이라는 노르웨이 출신의 여자를 만나 1920년에 결혼했다.

레빈은 키도 작고 몸매도 가냘파 보였지만 날카로운 눈매와 헝클어진 검은 머리칼을 가진 강인한 사람이었다. 그에게는 엄격하고 권위적인 면도 있었다. 특히 일에 있어서는 대단히 활기차고 정력적인 사람으로 일생을 록펠러 의학연구소에 있는 실험실에서 보내며 매우 규칙적인 생활을 했다. 레빈은 유럽 각지를 두루 여행했지만, 미국에 대해서는 허드슨 강 서쪽 건너편 지역의 이름조차 몰랐고 겨우 뉴욕만을 아는 정도였다. 과학에 몰두했지만 다방면의 책을 읽어서, 그의 아파트는 늘 책으로 넘쳐 났다. 또한 그는 예술과 현대적인 감각을 지닌 예술가에 특히 관심이 많아서 과학자들뿐 아니라 많은 예술가와 문학가들과도 교제했다.

핵산 화학에 미친 레빈의 초기 업적은 이미 언급했으나 그의 주된 업적은 뉴클레오티드의 구조를 규명하고, 이들이 마치 쌓아 올린 벽돌처럼

레빈(Phoebus Aaron Levene, 1869~1940).

서로 연결되어 핵산을 형성한다는 사실을 밝힌 것이다. 이미 1847년 초에 리비히(Justus von Liebig)는 소의 근육에서 이노신산이라는 산성 물질을 분리했다. 그 후 약 50년이 지나서 독일의 생화학자인 하이저(Franz Haiser)가 리비히의 발견을 확인했고, 이노신산이 하이포크산틴과 인산을 함유하고 있다는 사실을 알아냈다. 그리고 산을 가수분해하면 전혀 다른 화합물이 생성되는데, 이 화합물은 나중에 5탄당, 즉 펜토스로 밝혀졌다. 이 5탄당의 성질에 대해서는 레빈과 그의 동료인 자코브(Walter Jacobs)가 1909년에 D-리보오스라고 분명히 밝힐 때까지 많은 혼란이 있었다. 그들은 또 이노신산에서 리보오스는 배당 결합에 의해 하이포크산틴과 연결되고, 반면에 인산기와 당의 수산기는 에스테르 결합에 의해 연결된다는 사실을 밝혔다.

레빈과 자코브 두 사람은 이노신산 연구 중, 함마르스텐이 췌장에서 얻은 '핵난백질(Nucleoprotein)'을 알칼리로 가수분해하여 분리한 물질인 구아닐산에 관심을 가지게 되었다. 함마르스텐은 구아닐산이 인을 포함하고, 가수분해하면 구아닌을 생성하므로 '구아닐산'으로 명명했다고 설명했다.

1907년에 코셀과 공동 연구자인 슈토이델은 구아닐산이 구아닌과 5탄당, 인산으로 이루어져 있다는 사실을 밝혀냈다. 레빈과 자코브는 구아닐산의 구성 성분이 이노신산에서의 하이포크산틴, 리보오스, 인산의 결합과 동일한 방법으로 결합되어 있다는 사실을 발견했고, 구아닐산의 5탄당도 역시 리보오스임을 밝혔다. 그들은 보통 '염기(Base)'라고 불리는 한 분자의 퓨린이나 또는 피리미딘이 리보오스, 인산과 결합한 화합물을 나타내기 위해 '뉴클레오티드(Nucleotide)'라는 용어를 처음 사용했다. 반면에 인산이 없는 염기와 리보오스는 '뉴클레오시드(Nucleoside)'라고 명명했다.

이노신산과 구아닐산의 일반적인 구조가 밝혀진 후, 레빈과 자코브는 효모의 핵산을 알칼리로 가수분해하여 얻은 산물을 분석하기 시작했다. 즉, 위와 같은 방법으로 뉴클레오티드의 당과 인산기 사이의 에스테르 결합을 분해하면 뉴클레오시드가 생성되었다. 이들은 거의 동량인 4종류의 서로 다른 뉴클레오시드를 얻었고, 각각의 뉴클레오시드를 산으로 가수분해하면 아데닌과 구아닌, 시토신과 우라실 중 한 가지의 염기가 생성됨을 알게 되었다. 이러한 실험 결과를 바탕으로 레빈과 자코브는 효모의 핵산이 테트라뉴클레오티드 형태로 아데닐산, 구아닐산, 시티딜산 그리고 우리딜산으로 구성되었다고 결론지었다.

그 당시에는 핵산의 양을 측정하는 데 사용된 방법에 문제가 있었다. 더욱이 분석한 효모의 핵산 표본이 균질인 상태가 아니었고, 다양한 염기 조성을 가진 수많은 RNA 분자의 혼합물이라는 사실을 인식하지 못했다. 그리고 분석한 핵산 표본에 4가지 뉴클레오티드가 들어 있었던 것은 우연한 일이었다. 물론 레빈은 이러한 사실을 일생 몰랐고, RNA와 DNA가 모두 테트라뉴클레오티드라고 믿었다. 그러나 이 두 가지 핵산인 RNA와 DNA의 구조에서 테트라뉴클레오티드의 특징적인 구조는 극히 드문 경우이긴 하나 반복해서 나타나기도 한다. 20세기 전반까지는 레빈이 제시한 테트라뉴클레오티드 가설을 학자 대부분이 받아들였으므로 이 거대 분자의 구조는 제대로 이해되지 못했다. 이러한 상황은 19세기 후반, 핵산이 유전 정보를 운반할 가능성을 염두에 두었던 학자들의 사고를 제한했다.

마지막으로 레빈이 핵산 화학에 미친 가장 중요한 업적은 디옥시리보오스의 구조를 밝힌 것이다. 그는 1935년에 DNA는 뉴클레오티드가 인산-2-에스테르 결합에 의해 연결된 구조라고 설명했다. 그리고 두 뉴클레오티드 사이의 인산-2-에스테르 결합은 한쪽 뉴클레오티드의 디옥시리보오스 3번 탄소와 인접한 다른 뉴클레오티드의 디옥시리보오스 5번 탄소 사이에서, 인산을 중심으로 한 2개의 에스테르 결합으로 연결된다(그림 1. 참조). RNA의 뉴클레오티드 배열 방식이 DNA와 같은 배열 방식으로 이루어진다는 사실이 밝혀지는 데 거의 20년이 걸린 셈이다.

후에 트럼핀턴의 토드 경(Lord Told of Trumpington)으로 불리게 되는 토드(Alexander Todd)는 메디치 가문의 화려한 풍채를 가진 인물로, 핵산 화학에서는 독보적인 존재였다. 그의 업적 중에서 적지 않은 부분이 뉴클레오티드 구조 속에 있는 질소 고리 화합물과 당이 결합하는 성질에 대한 화학 합성 과정을 분명히 밝힌 것이다. 그리고 이 화학 합성법은 RNA를 분해하는 효소인 리보뉴클레아제가 작용하는 인공 기질을 합성할 수 있는 그의 연구실에서 개발되었다. 1952년에 리보뉴클레아제로 얻은 RNA의 분해 산물을 분석한 결과, RNA도 리보뉴클레오티드를 기본 단위로 하여 구성되었고, 각각의 뉴클레오티드는 인산으로 연결되어 있는데, 한 뉴클레오티드의 리보오스 3번 탄소와 인접한 뉴클레오티드의 리보오스 5번 탄소 사이에 인산을 중심으로 한 2개의 에스테르 결합으로 연결된 구조이다(그림 1. 참조).

RNA 구조의 결합 방식이 밝혀짐에 따라 레빈이 일시적으로 제안했던 DNA 구조에 대한 가설이 보충되었고, 1년 후 왓슨과 크릭이 DNA의 이중나선 구조를 알아내는 데 도움이 되었다.

핵산 화학 분야에서 이루어진 결정적인 여러 가지 발견들과 함께 레빈의 이름이 영원히 불리리라는 것은 의심할 여지가 없다. 그러나 동시대 사람들이 추앙하던 그의 권위와 뛰어난 인품이, 아이러니하게도 아래 몇 가지 사실에 대한 오류를 범하게 만들었다.

테트라뉴클레오티드 가설에는 2가지 중요한 문제점이 있었다. 즉 불확실한 RNA 혼합물을 분석했을 때, 4가지의 뉴클레오티드가 우연하게도 같은 몰(물질의 비율을 나타내는 단위)의 비율로 관찰된 점, 그리고 DNA 또는 RNA의 분자량에 대한 신빙성 있는 정보가 없었다는 점이다. 앞서 발표된 몇 편의 보고서는 현재 밝혀진 핵산이 고분자 물질이라는 내용을 이미 지적했다. 예를 들면, 미셔는 연어 정자의 핵 물질인 뉴클라인이 작은 분자가 통과할 수 있는 막을 통과하지 못한다는 사실을 알았으나, 초기의 이러한 발견들은 테트라뉴클레오티드가 모여 있으면 응집한다는 사실을 무시하고 주의를 기울이지 않은 까닭에 핵산이 고분자 물질이라는 사실을 밝히지 못했다.

1938년에 함마르스텐의 조카인 아이나 함마르스텐(Einar Hammarsten)

과 동료 연구자는 흉선으로부터 추출한 DNA가 마치 분자량이 약 100만 이 되는 가느다란 막대 모양의 분자처럼 행동한다는 사실을 밝히게 되었다. 그 후 굴란드(John Gulland)는 더 큰 분자량에 대해서도 보고한 바 있지만 20세기 중반이 되어서야 비로소 DNA와 RNA가 고분자 물질이라는 사실이 인정받게 되었다.

핵산이 4가지 표준 뉴클레오티드가 동일한 몰 비율로 구성되어 있다는 가설은, 샤가프(Erwin Chargaff)가 현재도 유용하게 활용되는 크로마토그래피 기술을 이용해 다양한 생물체에서 추출한 DNA의 염기 조성을 분석함으로써 사실이 아님이 밝혀졌다. 1950년에 샤가프는 DNA가 염기 상보성 현상을 나타낸다고 보고했다. 즉 DNA는 동량의 구아닌과 시토신, 그리고 동량의 아데닌과 티민을 갖고 있다. 그러나 (구아닌+시토신)의 합과 (아데닌+티민)의 합에 대한 비율, 즉 A+T와 G+C의 비율은 생물에 따라 다양하나. 결과적으로 DNA는 4가지 뉴클레오티드를 같은 비율로 갖고 있지 않기 때문에 테트라뉴클레오티드 가설은 잘못된 것이었다.

'DNA는 고분자 물질'이라는 사실에 대한 부적절한 가설과 인식이 사라짐으로써, DNA가 유전 정보를 운반하는 분자적인 기초 물질이라는 사실을 부인하는 중요한 이유가 사라지게 되었다. 그럼에도 불구하고 1940년대에 유전에서 DNA의 정확한 역할이 증명될 때까지 DNA가 유전 정보를 운반할 수 있는 고분자 물질이라는 데 대한 의심은 계속되었다.

분자유전학의 탄생

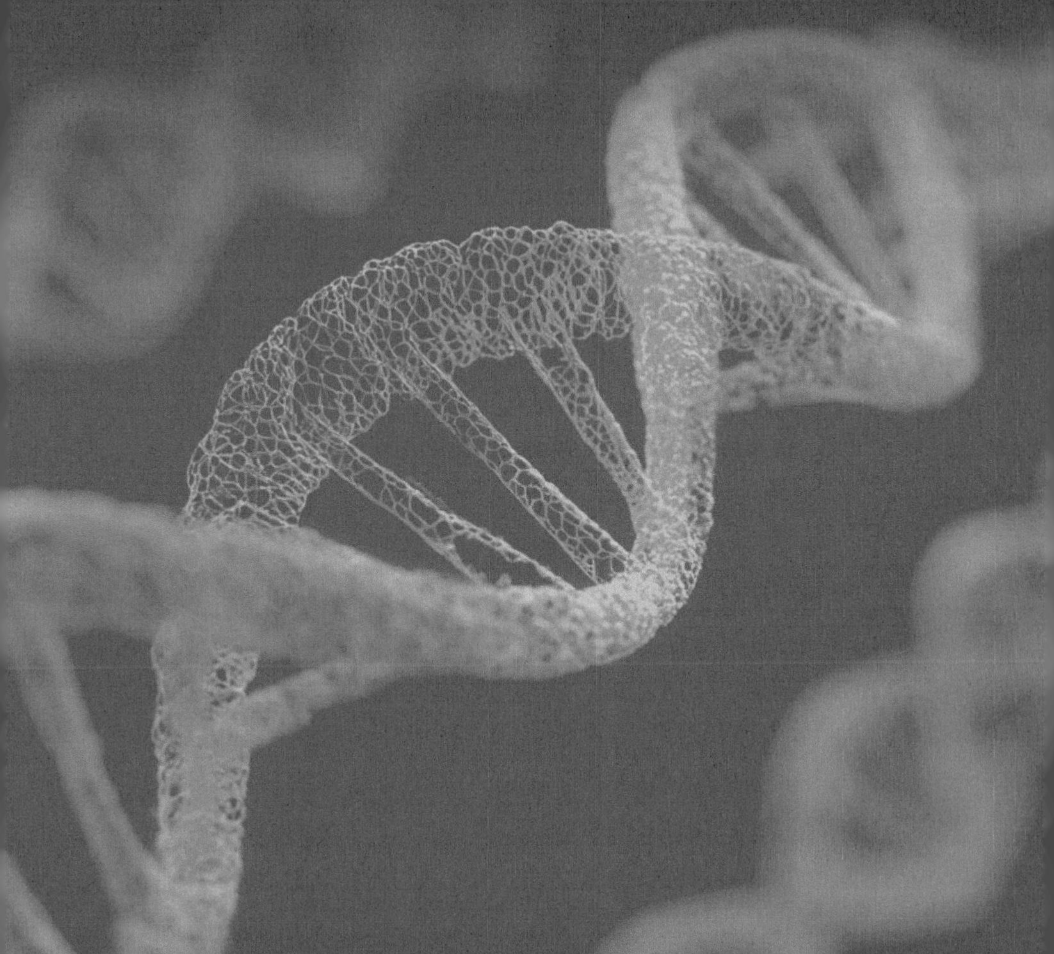

DNA Pioneers and
Their Legacy

인류는 유전 법칙은 몰랐어도 오래전부터 작물을 키우고 가축을 칠 때 유전적으로 가장 좋은 종자와 새끼를 선택해 왔다. 유전학은 과학으로서는 비교적 역사가 짧으며, 브르노에 있는 한 오스트리아 수도원의 정원 한구석에서 시작되었다.

가톨릭교회가 2,000년 역사 동안 문화적인 측면에 기여하지 않았다고 말할 수는 없다. 오히려 교회는 무신론의 음모를 꾸미는 독일 황제에 압력을 가하거나, 이단자를 화형에 처하며 박해하는 등의 폭력을 저지했으며, 유럽의 예술가 은자들과 인문주의를 보호했다. 가톨릭교회가 없었다면 지금의 유럽 문화는 훨씬 빈약했을 것이다.

하지만 교회는 두 가지 측면의 문화 중 예술이나 인문주의와 같은 문화만을 장려하고 후원했다. 과학에 관한 한 교회는 대체로 무관심하거나 적대적이었다. 브루노나 갈릴레이의 경우를 보면 알 수 있다. 그러므로 가톨릭교회의 성직자가 과학과 현대 생물학의 초석이 되는 유전학을 창시했다는 것은 매우 흥미로운, 이례적인 일이다.

유전자의 개념

멘델(Johann Mendel)*은 1822년 오스트리아 실레지아의 한 농가에서 태어났다. 가난하지만 능력을 갖춘 그 시대의 다른 청년들과 마찬가지로 그도 성직자가 되었다. 멘델은 21살 때 브르노에 있는 아우구스티아 수도원의 수련 수사가 되었다. 이때 멘델은 오랜 전통에 따라 그레고어(Gregor)라는 기독교 이름을 갖게 되었다. 1884년 멘델이 죽은 이후에도 과학계에서는 그레고어라는 이름이 더 많이 알려져 있다.

멘델은 과학을 공부했고, 그의 범상치 않은 자질을 발견한 수도원장은 전문적인 과학 공부를 위해 멘델을 빈 대학교로 유학 보냈다. 3년 후인 1854년 멘델은 수도원으로 돌아왔고, 브르노에 있는 인문 고등학교에서 과학을 가르치게 되었다. 1856년부터 멘델은 여가를 활용해 수도원의 정원에서 기른 완두를 가지고 유전학 실험을 시작했다.

멘델은 크기, 꽃 색깔의 유무, 씨앗의 모양과 같은 유전적 변이(표현형)를 관찰하기 쉬운 완두를 선택했으며, 이런 형질은 수 세대 동안 변하지 않았다. 멘델은 키가 큰 완두와 키가 작은 완두를 교배하면 제1대 잡종(F_1)은 모두 키가 크다는 사실을 알게 되었다. 멘델은 후대에 나타난 형질(키가 큰 형질)을 우성이라고 불렀고, 나타나지 않은 형질(키가 작은 형질)

---

* 한국유전학회 총서 제1권 『멘델』, 1989. 아카데미 서적. 서울.

140

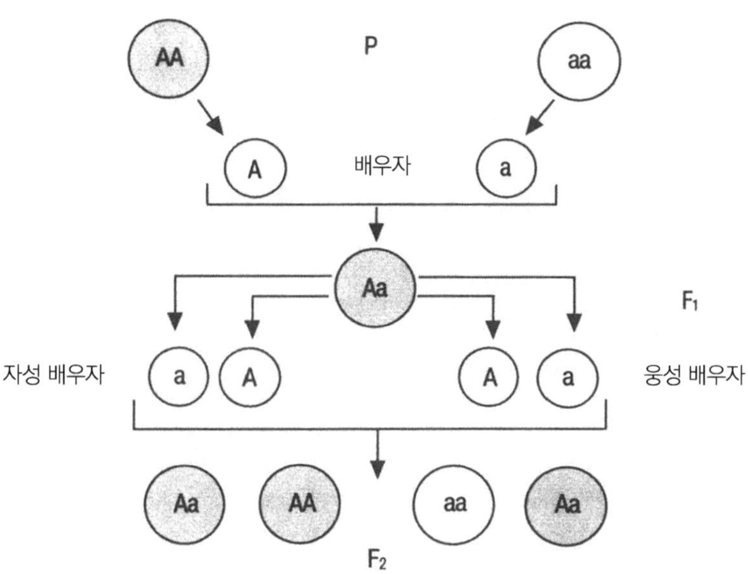

그림 2. 유전 현상의 기본 원리인 멘델의 분리의 법칙.

멘델(Gregor Mendel, 1822~1884).

을 열성이라고 불렀다. 자가수정에 의해 제1대 잡종이 제2대 잡종을 만들면 우성 형질과 열성 형질은 제2대 잡종에서 일정한 비율로 나타난다. 즉 3/4은 키가 크고, 1/4은 키가 작다. F_2 세대를 각각 조사해 보면, 키가 작은 콩은 세대가 계속되어도 항상 키가 작은 콩을 만드는데, 이들을 '동형 접합자'라고 한다. 키가 큰 F_2 완두 중에서 1/3은 키가 큰 종자를 만들어 키가 큰 것에 대한 동형 접합자이며, 2/3는 F_1 세대와 마찬가지로 3/4은 키가 큰 자손을 만들고, 1/4은 키가 작은 자손을 만들므로 이들은 '이형 접합자'이다(그림 2).

이런 실험으로부터 멘델은 키가 크고 작은 것 등을 나타내는 유전적 형질 또는 단위(나중에 유전자로 불림)는 항상 쌍으로 행동한다는 것을 알게 되었다. 동형 접합자를 가진 부모 세대는 AA(키가 큼)와 aa(키가 작음) 형질을 갖고 있다. 부모 세대의 성숙한 생식 세포(배우자)는 A나 a의 한 단위만을 갖고 있다. 잡종인 세대는 Aa 형질을 갖고, 이런 형질들은 잡종 세대의 배우자 형성 과정에서 다시 분리된다. 이것이 멘델의 제1법칙인 '분리의 법칙(Law of segregation)'이다.

멘델은 몇 가지 다른 형질도 조사해 그들이 독립적으로 다음 세대에 전달되는 것을 발견했다. 이것이 멘델의 제2법칙인 '독립의 법칙(Law of independent assortment)'이다. 곧 알게 되겠지만, 이 법칙이 모든 유전 현상에 항상 적용되는 것은 아니다. 일반적으로 이 법칙은 유전자가 서로 다른 염색체에 있는 경우에만 적용된다.

멘델의 실험에서 놀라운 점은 멘델이 실험 결과를 분석하고 정량화해 유전학에서 통계적인 방법의 중요성을 인식한 점이다. 최근에는 멘델의 실험 결과가 너무 정확하여 멘델이 자신이 예상한 결과에 맞는 실험 결과만을 선택했으리라고 추정하고 있다. 그렇다 하더라도 그런 사실이 멘델의 실험 결과에 대한 가치를 절하시킬 수는 없다. 멘델과 같이 공정하고 정직한 사람이 실험 결과를 조작했으리라고는 상상할 수도 없다. 생물학적인 실험 결과를 인정할지 거부할지의 기준은 100여 년 동안 변해 왔지만, 멘델의 시절에 그 기준은 그리 엄하지 않았을 것이다.

1865년 멘델은 처음으로 자신의 실험 결과를 브르노에서 열린 자연 과학학회를 통해 발표했다. 발표 내용은 이듬해 회의 발표 결과를 요약한 『식물 교배에 관한 실험(Versucbe iiber Pflanzen-Hybriden)』에 잘 나타나 있다. 그러나 당시의 생물학계는 수정은 물론 염색체의 존재도 모르는 처지였으므로 어느 생물학자도 30여 년을 앞서간 멘델 실험 결과의 가치를 깨닫지 못했다. 이는 1900년에 독자적으로 멘델의 실험을 재확인한 더프리스(Hugo de Vries), 코렌스(Karl Correns), 체르마크(Erich Tschermack) 등 세 명의 식물학자에 의해 세상에 알려지게 되었다.

우리는 이 식물학자들이 멘델이 34년 전에 발표한, 별로 눈에 띄지 않는 논문을 자신들의 논문에서 인용한 사실에 경의를 표해야 한다. 더욱 훌륭한 것은 이들이 멘델의 업적을 사장하지 않고 세계적으로 알려지게 만든 것이다. 이들 윤리적인 세 명의 용기는 우리에게 무언의 메시지를 던져 주고 있다.

안타깝게도 멘델은 여생 동안 과학 공부를 이어 가지 못했다. 1868년에 수도원장에 피선된 덕분에 수도원에 부과된 많은 세금 문제로 오스트리아 정부와 오랫동안 투쟁하는 등 많은 행정적인 잡무에 시달렸기 때문이다. 멘델이 수도원의 평화로운 정원에서 연구를 계속할 수 있었더라면 그는 더욱 행복했을 것이다.

멘델 법칙의 재발견은 새로운 과학이 발전하고 급성장하는 계기가 되었다. 그리고 요한센(Wilhelm Johannsen)이 유전의 단위를 유전자로 부르자고 제안함에 따라 유전자를 다루는 이 학문은 유전학으로 불리게 되었다. 그런데 이 과정에서 뜻밖의 일이 일어났다. 의학과 관련된 기초과학을 연구하던 학자들은 유전학이 거의 모든 질병의 진단과 치료에 깊이 연관되어 있다는 사실을 빠르게 파악한 것이다. 오늘날에도 우리는 임상 현상을 해석할 때 생화학자나 생리학자의 통찰을 여전히 간과하는 경우가 있다.

영국의 의사 개러드(Archibald Garrod)가 그 좋은 예이다. 개러드는 1909년 발표한 『물질대사의 선원성 오류(Inborn Errors of Metabolism)』에서 새로운 개념을 도입했다. 그는 런던 병원에서 의사로 근무하면서 병적인 과정에서 생성되어 환자의 오줌으로 배설되는 여러 가지 색소에 대해 많은 관심을 갖게 되었다. 그는 이 궁금증을 풀기 위해서는 생화학적 지식이 필수임을 인식했고, 호피(Hoppy)라는 애칭으로 불리던 당대 최고의 생화학자 홉킨스(Frederick Gowland Hopkins)와 공동 연구를 시작했다.

그 결과 개러드는 신생아에서 나타나는 '검은 기저귀 병'으로 알려진

개러드(Archibald Garrod, 1857~1936).

알캅톤뇨증의 원인을 해결할 수 있었다. 우선 발견한 것은 신생아의 오줌이 공기에 노출되면 검게 변한다는 것이다. 개러드는 검은 색소가 페닐알라닌과 타이로신 같은 방향성 아미노산의 분해 산물이 축적되어 생긴다는 것을 알게 되었다.

개러드는 이 질병의 유전 관계를 조사한 결과 근친 관계의 부모를 가진 자녀에게서 이런 질병이 자주 나타나는 것을 발견했다. 식물학자이며 유전학자인 베이트슨(William Bateson)은 개러드에게 이 병이 멘델의 법칙에 따라 열성 형질과 같이 유전한다는 사실을 알려 주었다. 개러드는 멘델의 법칙이 재발견된 지 불과 2년 후인 1902년에 이런 결과를 발표했으며, 유전학 교육을 전혀 받지 않은 의사로서는 결코 쉽지 않은 업적을 이루었다. 1908년에 발표한 크루니안 강좌에서 개러드는『물질대사의 선천성 오류』로 눈부신 업적을 의학계에 보여 주었다. 그는 알캅톤뇨증의 유전적 결함은 타이로신의 정상적인 분해에 필요한 효소가 결핍되어 호모젠티스산이 축적된 결과라고 주장했다. 이는 최초로 유전자와 유전자 산물(효소)의 관계가 예측된 것이며, 동시에 유전적 물질대사 질병이라는 새로운 개념의 질병이 의학계에 알려진 쾌거였다.

개러드 역시 그 시대를 30여 년 앞서 나가고 있었으므로, 그의 놀랄 만한 새로운 개념에 아무도 주의를 기울이지 않았다. 결국 30년이 지난 후에야 비들(George Beadle)과 테이텀(Edward Tatum)이 유전자와 유전자 산물에 대한 개념을 정립했다. 불행하게도 노벨 생리의학상위원회는 개러드가 이룩한 업적을 끝내 눈여겨보지 않았다.

20세기 초 10년 동안 유전학 연구는 컬럼비아 대학교의 모건(Thomas Hunt Morgan)*이 주도했다. 1903년 서턴(Walter Sutton)은 유전자가 염색체와 관련이 있으며 각각의 염색체는 여러 개의 유전자를 갖고 있다는 사실을 발견했다. 이에 따라 어떤 유전 형질의 경우 멘델이 주장한 독립

---

*　한국유전학회 총서『유전학 최초의 노벨상 수상자 모건』2025. 전파과학사, 서울.

모건(Thomas Hunt Morgan, 1866~1945).

의 법칙에 예외적인 결과가 나오는 이유를 알게 되었다. 모건은 초파리의 성 연관 유전 요소를 집중적으로 연구하여 염색체상에 유전자가 직선으로 존재한다는 사실을 발견했다. 그러므로 같은 염색체상에 있는 유전자는 함께 존재하여 연관군을 형성한다. 이러한 개념은 멘델의 제2법칙인 독립의 법칙에 예외가 있을 수 있음을 의미한다. 일반적으로는 다른 연관군에 속한 유전자들만이 독립적으로 분리될 수 있다.

모건의 연구에서, 감수 분열 시 상동 염색체 사이에 유전자 교환이 일어난다는 내용은 그가 밝힌 유전자와 염색체의 개념 중에서 매우 중요한 부분이다. 모건은 교차라고 불리는 이 현상을 이용해 염색체 유전자 사이의 상대적인 순서와 거리를 결정했다. 스터트번트(Alfred Sturtevant)가 창안한 이 원리는 두 유전자가 멀리 떨어져 있을수록 감수 분열 시 상동 염색체 사이의 유전자 교환이 쉽게 일어난다는 것이다.

모건과 그 제자들의 선구적인 연구 결과는 새로운 과학 분야의 실험적인 토대를 마련했고, 동시에 유전학자에게 초파리는 가장 좋은 실험 대상이 되었다. 1930년대 중반에 미국인 미생물학자 비들과 러시아 태생 프랑스 생물학자 에프루시(Boris Ephrussi)도 초파리를 연구했다. 그들은 정상적인 붉은색 눈의 색깔이 변한 돌연변이체를 연구하는 과정에서 눈의 색소를 형성하는 여러 가지 화학적인 단계가 개개의 유전자에 의해 조절된다는 사실을 밝혔다. 그러므로 이런 유전자들은 색소의 생합성에 필요한 여러 가지 효소를 만들게 된다.

그러나 유전학과 생화학을 연결하기 위한 실험 대상으로 초파리는 너무 복잡했으므로, 좀 더 단순한 생물체가 필요했다. 이 사실을 깨달은 비들은 새로운 동료인 테이텀과 함께 붉은빵곰팡이(Neurospra)를 대상으로 실험을 계속했다. 붉은빵곰팡이는 유전학 실험 대상으로 삼기에 간편하고, 단순한 영양소만을 필요로 했다. 두 사람은 붉은빵곰팡이에 X-선을 쬐어 여러 가지의 돌연변이체를 만들었다. 이러한 방법은 뮐러(Hermann Müller)가 초파리에서 사용한 방법이다. 그들은 여러 종류의 붉은빵곰팡이 변이 중에서 비타민의 한 종류인 피리독신을 합성할 수 없는 돌연변이체를 발견했고, 이 돌연변이체를 기르기 위해서 먹이에 피리독신을 첨가해 주었다.

피리독신을 요구하는 돌연변이체를 체계적으로 연구한 끝에, 1941년 그들은 '1 유전자, 1 효소(one gene, one enzyme)', 좀 더 보편적으로는 '1 유전자, 1 단백질(one gene, one protein)'이라는 중요한 개념에 도달하게 되었다. 다시 말하면, 세포 안에는 모든 단백질(많은 단백질은 여러 가지 다른 폴리펩티드로 구성되어 있으므로, '모든 폴리펩티드'라고 표현하는 것이 좋겠다)을 만드는 데 필요한 정보를 가진 유전자가 있다는 것이다.

1940년대에 들어서 생물학자들은 유전자의 기능을 이해하기 위해 많은 노력을 기울였으나, 유전자의 화학적 본질은 여전히 수수께끼로 남아 있었다. 많은 생물학자가 유전자는 단백질이라고 생각했다. 이 복잡한 거대 분자는 정교한 기능을 가진 효소라는 생물학적 촉매로 이미 알려져 있었다. 그러므로 유전 정보를 가진 운반체로 생각하는 데 아무런 문제가 없었다.

뉴욕의 노신사

오늘날 생의학 분야는 미국이 주도하고 있는데, 이는 해마다 스웨덴 국왕이 노벨상을 수여하는 12월 10일이 되면 생생히 드러난다. 그러나 100여 년 전에는 상황이 전혀 달랐다. 19세기 말의 기초의학 연구는 유럽에 집중되어 있었고, 미국은 거의 아무런 역할도 하지 못했다. 미국 의학은 유럽의 연구실에서 급속히 진전되고 있는 기초의학 분야에 아무런 공헌도 하지 못하고 있는 실정이었다.

바로 이때 운명의 그 사람, 게이츠(Frederick T. Gates)가 침례교 목사로 등장했다. DNA 이야기에 뚱딴지같이 목사라니 전혀 어울리지 않는다고 생각될지도 모르지만, 게이츠 목사는 억만장자 록펠러(John D. Rockefeller)의 영적 지도자로, 록펠러에 정신적으로 강력한 영향력을 행사한 사람이었다. 당시 미국 의학 분야에서 뛰어난 사람으로 평가받던 오슬러(William Osler)는 임상의로서 진료를 통해 순전히 관찰만 했고, 생의학 기초 연구에는 아무 관심이 없었다. 그러나 그는 당시 의학에서 사용했던 별 의미 없는 치료법에 회의를 품은 뛰어난 의사였다. 통상적인 치료법에 대한 이러한 비판적 태도는 언제나 훌륭한 의사의 표상이 되는데, 이것은 오슬러의 유명한 교과서인 『의학의 원리와 실제(The Principles and Practice of Medicine)』에서 뚜렷이 드러난다.

이때 일어날 법하지 않은 예기치 않은 일이 일어난다. 항상 의학 문제에 관심이 많았던 게이츠 목사는 오슬러의 묵직한 책을 처음부터 끝까지 읽었다. 이는 목사로 일하고 있는 사람에게는 거의 상상할 수 없는 것이다. 보통 사람들 사이에서 일했던 젊은 목사 시절에, 게이츠 목사는 큰 병에 걸려 신음하는 신도들에게 의학이 아무런 도움도 주지 못하는 상황을 너무나 많이 보아 왔다. 철저한 기독교 정신을 지닌 게이츠 목사는 무엇인가 해야 한다고 마음먹었다. 구세주 예수님은 환상을 성전에서 쫓아내면서 말씀하시기를, 부자가 하늘나라에 가는 것은 낙타가 바늘구멍을 들어가기보다 더 어렵다고 했다. 게이츠는 재벌 중 한 사람과 친구가 되었고, 여러 가지 자선 사업을 하면 바라는 대로 하늘나라에 가기가 쉬워질 것이라고 재벌을 설득했다.

게이츠 목사는 록펠러에게 전통적인 멋진 새 병원을 짓도록 기부하라고 한 것이 아니라, 미국에서는 전혀 새로운 시도로 순전히 의학 연구만을 목적으로 한 연구소를 설립하도록 요구했다. 게이츠 목사는 진정한 임상의학의 발전은 기초의학 없이는 불가능하다고 분명히 깨닫고 있었다. 이미 100여 년 전에 오늘날의 대다수 유럽 정치가나 사회 사업가보다 더 긴 안목을 가졌던, 대선각자인 이 침례교 목사를 우리는 존경해야 한다! 이미 오래전에 하늘은 청교도 정신으로 무장한 현인을 통해 미국에 축복을 내린 것이다.

그렇게 록펠러 연구소가 1901년에 탄생했고, 미국에서 유례없는 과학적인 생의학 연구를 하기에 이르렀다. 이런 태도의 차이는 새 연구소의 고위직 과학자를 선발하는 과정에서도 여실히 드러났다. 그중에서도 가장 특기할 일은 아마도 독일 생리학자 로브(Jacques Loeb)일 텐데, 그는 호전적일 뿐 아니라, 기존 임상의학보다 기초의학이 월등함을 주장할 때는 자신감에 가득 차서 광적이기까지 했다. 그의 명성은 문학 분야에까지 미쳤다. 루이스(Sinclair Lewis)는 그의 유명한 소설인 『애로우스미스(Arrowsmith)』에서 주인공인 청년 의사를 로브의 열렬한 지지자로 만들었다.

1913년 미국 의학 연구 분야에서 가장 영광스러운 이들 흑기사단에 로브와는 모든 면에서 대조적인 한 사람이 합류했는데, 이 사람이 바로 에이버리(Oswald Theodore Avery)였다. 그는 작고, 호리호리하며, 이마가 넓은 얼굴에, 전체 용모는 공상 과학 소설에서 작가가 묘사하는 미래 인간 같았다. 즉 머리가 커서 가분수에 몸은 왜소했다.

에이버리는 진료에 싫증이 나서 연구에만 전념한 내과 의사였다. 록펠러 연구소에 처음 들어간 날부터 71살의 나이로 은퇴하는 날까지, 그는 폐렴을 일으키는 세균 종류인 폐렴쌍구균(Pneumococcus) 연구에 일생을 바쳤다. 폐렴은 황산아미드나 페니실린을 발견하기 전까지는 저승사자처럼 해마다 수많은 사람을 죽음으로 이끌었다. 록펠러 연구소가 폐렴을 실험 의학 연구의 주 대상으로 삼은 것은 당연한 일이었다.

에이버리는 폐렴쌍구균의 비밀을 규명하는 데 그의 일생을 바치기로 결심했다. 과학자들도 보통 사람들처럼 복잡하게 산다. 결혼하고, 팔자가 사나우면 이혼하고, 애 낳고, 한두 채 집을 짓고, 자동차 또는 물려받은 유산이 있거나 특허라도 획득하면 요트, 그리고 수많은 세속적인 물건들을 산다. 학회 또는 연구위원회에 참석하거나, 고문 위원으로 참여하고, 가능한 모든 주제의 평가서를 쓰거나 한다. 다시 말하면 과학자들은 이런 일상생활로 매일 소중한 시간을 낭비하는데, 사실 그 시간은 교

에이버리(Oswald Theodore Avery, 1877~1955).

육과 연구에 바쳐야 하는 시간인 것이다.

에이버리는 이런 일들은 하나도 하지 않았다. 철저한 독신주의자인 그는 실험실까지 걸어갈 수 있는 곳에서 살았고, 피치 못할 때 외에는 외국 여행도 하지 않았다. 사교 생활은 거의 하지 않았고, 뉴욕 생활의 유혹에 결코 빠지지 않았다. 그가 시간을 쓰는 유일한 일은 어릴 적에 배운 코넷 연주를 조금 즐기고, 늦게 배운 취미인 요트 타기 정도였다. 그는 남들이 요트를 즐기고 있을 때도 갑판 뒤쪽에서 과학적 이론을 생각하고 있었다. 에이버리는 사람들 앞에 나서거나 강연하기를 극히 싫어했다. 그러나 실제로 해야 할 때에는 문체가 훌륭했고, 미리 완벽하게 연습했다.

이러한 묘사는 에이버리가 아무와도 접촉하지 않는 구제 불능의 은둔자라는 느낌을 줄지 모르지만, 실은 전혀 그렇지 않았다. 사교 생활의 욕구는 연구소에서 일하는 동안 다 충족되었다. 록펠러 연구소에는 많은 친구가 있었고, 그곳의 후배 동료와 선배들은 그를 사랑했다. 이 작은 남자는 대중 앞에선 부끄러워했으나, 그가 '소년들'이라고 불렀던 그의 연구원들과는 몇 시간이고 이야기하길 좋아했고, 거침없는 그의 웅변은 그의 과학 이론을 상세히 설명하는 긴 독백으로 이어졌다.

제1차 세계대전과 제2차 세계대전 동안 에이버리는 악성 폐렴쌍구균을 싸고 있는 피막 연구로 생물학자로서의 국제적 명성을 얻었다. 하이델베르거(Michael Heidelberger)와 함께, 그는 피막이 고분자 탄수화물(다당류)로 이루어졌고, 이 피막이 감염된 개체에서 폐렴쌍구균에 대항하는 항체를 형성하는 세균의 능력을 결정한다는 사실을 증명했다. 그는 또

이 다당류를 단백질과 섞어 폐렴 환자를 치료하는 혈청을 만드는 데 이용했다. 그러나 그의 위대한 발견은 더 시간이 걸렸고, 그 발견으로 인해 분자유전학이라고 하는 전혀 새로운 학문이 열리게 된다.

그 이야기는 1920년경 대서양 반대쪽에서 시작한다. 런던에 있는 영국 보건부의 병리학 실험실에서도 세균학자인 그리피스(Fred Griffith)가 폐렴쌍구균을 연구하고 있었다. 에이버리처럼 그도 조용한 사람이었고, 은퇴한 독신자였으며, 작고 마른, 항상 속삭이듯 낮은 목소리로 말하는 남자였다. 신기하게도 이 꼼꼼하고 정확한 공무원은 잉글랜드 남부의 해변 도시 브라이튼 근처에 아주 근사한 초현대식의 여름 별장을 갖고 있었고, 위험천만한 스피드광이었다.

그러나 그리피스의 열정은 폐렴쌍구균이었다. 그는 독일의 노이펠트(Fred Neufeld)와 동시에 S형 폐렴균과 R형 폐렴균이라고 불리는, 이 세균의 두 가지 형을 발견했다. S형은 악성으로 폐렴을 일으키며, 피막이 있었다. R형은 무독성이며 피막이 없었다. 1928년 그리피스는 그가 상상하지 못한 결과를 초래하게 되는 일련의 실험 결과를 발표했다. 악성 폐렴쌍구균은 오랜 진료 경험이 증명하듯 인간에게 위험하다. 생쥐에게는 더 위험한데, S형의 폐렴균에 일단 감염되면 치사율이 100%이다. 반면 R형에 감염되면 별로 해가 없다.

그리피스는 무해하지만 살아 있는 R형과 60도로 열처리하여 죽은 S형을 혼합하는 실험을 고안했다. 그리고 이 혼합물을 여러 생쥐에게 주사했다. 이 실험은 폐렴 환자의 타액에 여러 가지 혈청형의 폐렴균이 존재함을 관찰한 결과 시행한 듯하며, 그는 여러 형태의 폐렴균이 동시 감염에 의한 것이 아님을 직관적으로 믿고 있었다. 그 대신 그는 감염된 개체 안에서 폐렴쌍구균이 한 가지 혈청형에서 다른 형으로 변환된다고 믿었다.

혼합물에는 살아 있는 악성 폐렴균이 없었기 때문에 실험 후 생쥐는 살아남으리라고 예상할 수 있었다. 그러나 예기치 않게 몇 마리가 죽어 버렸고, 더 놀라운 것은 죽은 생쥐의 혈액에서 악성 S형 폐렴균이 발견된 것이다. 열처리하여 죽은 S형 폐렴균이 부활한 것일까 하고 생각할지도 모르지만, 그리피스는 신학적으로는 가능할지 모르나 과학적으로는 만족할 수 없는 이 해석을 당연히 일축했다.

좀 난처한 얘기지만, 또 다른 가능성은 그가 주사할 때 살아 있는 S형 폐렴균이 오염되었다는 것인데, 주의 깊게 실시한 일련의 반복 실험을 통해 그리피스는 그렇지 않음을 확신했다. 그렇다면 살아 있는 R형 폐렴균이 죽은 S형 폐렴균으로부터 그 무언가를 획득해서, 그 무언가가 살아 있는 R형 폐렴균을 S형 폐렴균의 모든 특징을 갖고 있는 S형으로 변화시켰어야만 한다. 이 현상은 유전적으로 안정한 형태로의 변화였는데, 오늘날 우리가 돌연변이라고 부르는 것과 동일하지만, 이 경우 '형질 전환(Transformation)'이 더 적당한 용어이다.

그리피스는 분명히 자신의 발견이 중요하다는 것을 알고 있었지만, 그 의미를 진정 이해하지는 못했던 것 같다. 불행히도 그는 자신이 이룬 획기적인 발견이 분자유전학에 미친 영향을 보지 못했다. 그리피스는 1941년 나치의 런던 대공습 기간에 자원 소방수로 일하던 중 애석하게도 죽고 말았다. 제1차 세계대전의 수많은 희생자 중 한 사람으로서 수년 후 무명이었던 그의 이름이 다시 세상에 나타나 생전에는 결코 상상할 수 없었던 유명 인사가 되었지만, 그가 이것을 알았다면 별로 좋아하지는 않았을 것이다.

그리피스의 발견은 국제적으로 상당한 관심을 불러일으켰고, 에이버리의 실험실에서는 그 실험을 반복해 결과를 확인했다. 에이버리 동료 중 한 사람은 1932년 R형 폐렴균이 S형 폐렴균의 추출물로 인해 S형으로 전환됨을 증명했는데, 이것은 한 단계 진보한 결정적인 연구였다.

그리피스와 달리 에이버리는 S형 폐렴균에서 추출되어 R형을 S형으로 변화시킨 형질 전환 인자는 세포의 유전 정보인 유전체의 일부분을 이루는 분자임이 틀림없음을 깨달았다. 형질 전환의 본체를 분리하여 그 성질을 규명한다면, 생물학의 난해한 문제 중 하나인 유전의 분자적 본체를 규명할 수 있을 것이었다. 에이버리는 10년간 이 문제를 연구하면서 수많은 난관과 끊임없는 좌절을 경험했다. 그가 그 유명한 말을 남긴 것도 이 시기인 것 같다. "실망이 나의 세끼 양식과 같았지만, 나는 그걸 먹고 성장한다."

문제는 추출물에 따라 형질 전환 활성의 차이가 너무 크다는 것이었다. 활성이 전혀 없는 경우도 자주 있었다. 에이버리의 동료인 맥클라우드(Colin MacLeod)가 개선된 추출법과 형질 전환 활성을 측정하는 신뢰도 높은 방법을 고안한 후에야 연구에 진전이 있었다. 1941년 여름, 맥클라우드는 뉴욕 대학교의 세균학 교수가 된 후에도 종종 실험실을 방문해

맥클라우드(Colin MacLeod, 1909~1972)**와 맥카티**(Maclyn McCarty, 1911~2005).

그 과제에 계속 관여했지만, 곧 연구소를 떠나 버렸다. 후임자는 생화학적 배경이 풍부한 젊은 소아과 의사인 맥카티(Maclyn McCarty)였다. 놀랄 만큼 짧은 시간 안에 그는 형질 전환 물질을 정제해 그 물질이 두 가지 핵산 중 하나인 DNA와 동일하다는 것을 보여 주었다. 이를 바탕으로 형질 전환 활성이 DNA를 분해하는 효소에 의해 파괴된다는 사실이 더욱 확실해졌다.

지금은 누구나 DNA가 유전 정보를 간직하고 있다는 사실을 잘 알고 있어서, 에이버리의 결론은 뻔하고 별것 아닌 것으로 생각할 수 있다. 그러나 그가 그 사실을 발견했던 당시에는 전혀 그렇지 않았다. 오히려 DNA가 형질 전환을 일으키는 물질이라는 그의 주장은 1944년에 에이버리, 맥클라우드, 맥카티가 너무나 조심스럽게 발표했음에도 불구하고, 아마도 바로 그 이유로(너무나 조심스럽게 발표했기 때문에) 학계는 의심의 눈초리를 보냈다.

거기에다가 레빈이, 우리도 알고 있듯 DNA가 뉴클레오티드 성분인 A, C, G, T가 단조롭게 반복되는 구조로 이루어졌다는 견해를 발표해 상황은 더욱 난처해졌다. DNA의 구조로는 유전자가 지닌 모든 정보를 포함할 수 없다는 것이다. 레빈은 또 괴상할 정도로 DNA 크기를 과소평가해 에이버리에게 아무 도움이 되지 않았다. 상당히 작고 구조적으로 단순한 분자인 DNA가 유전 물질이라고? 말도 안 되는 소리! 게다가 다른 학자들이, 생물학적 촉매자로 알려진 '복잡하고 거대한 분자인 단백질'이 유전자라고 주장하고 나섰다. 단백질이 세포 내의 다른 기능뿐만 아니라 유전 정보도 가지면 안 될 게 있는가? 록펠러 연구소 동료인 유명한 생화학자 머스키(Alfred Mirsky)는 에이버리의 DNA 추출물이 단백질을 포함하고 있고, 이것이 진짜 형질 전환 물질이라고 굳게 믿고 있었다.

1952년 허시(Alfred hershey)와 체이스(Martha Chase)는 전혀 다른 생물과 실험 접근법을 사용하여, 에이버리의 일반적 결론을 굳게 지지하는 결과를 얻었다. 그들은 파지를 숙주인 대장균(Escherichia coli)에 감염시킬 때, DNA는 방사성 인으로, 단백질은 방사성 유황으로 표지했다. 그 결과 파지 DNA는 숙주 세포 안으로 들어가지만, 단백질은 세포 밖에 남는다는 것을 보여 주었다. 따라서 DNA는 새로운 유전 형질을 부여하는 폐렴균의 형질 전환과 박테리오파지가 숙주를 감염시키는 능력을 모두 갖추고 있다. 머스키 같은 회의론자조차 이와 같이 많은 증거를 보고 마음을 바꾸기 시작했다.

DNA가 실제로 폐렴균을 형질 전환할 수 있음을 인정하는 데는 상당한 시간이 걸렸고, 특히 과학자 집단이 그 의미를 제대로 깨닫는 데는 더 오랜 시간이 필요했다. DNA 분자가 유전자를 가지고 있다는 사실은 명확했지만, 어느 정도까지는 이것이 에이버리 자신의 지나친 조심성 때문이라고 말할 수도 있을 것이다. 결국 그는 지나치게 신중했던 것이다. 1944년 자신의 유명한 논문에서 그는 '유전자(Gene)'라는 말을 거의 언급하지 않았으며, 아무리 조심해도 그의 DNA 추출물에 의심할 여지 없이 오염되어 있었던 소량의 단백질에 대해 항상 우려하고 있었다.

물론 주요 원인은 그가 대중의 이목과 자기 과시를 싫어했던 데 있다.

1946년 왕립학회가 그에게 명성 높은 코플리 메달(Copley Medal)을 수여했을 때 그는 수상식에 참석하기를 거부했는데, 건강상의 이유로 일등석만 타야 하는데 그 비용이 너무 비싸다는 핑계를 댔다. 우리가 아는 한 그는 청년 못지않게 건강 상태가 양호했고, 어린 동생의 의과대학 학비와 가난한 친척을 도와줄 정도로 재정도 좋았다. 대부분의 과학자라면 임종 자리에서라도 벌떡 일어나 감지덕지하며 코플리 메달을 받으려고 했을 것이다. 에이버리는 명성과 보상에는 완전히 무관심했던 것 같다. 그가 노벨상을 수상하지 못한 사실은 그에게는 아무 일도 아니었던 것 같다. 그는 노벨상에 수반되는 왁자지껄한 소동을 혐오했음에 틀림없다.

항상 매우 단정하고, 점잖고, 조용한 작은 남자는 생물학사에 기념비적 인물 중 한 사람으로 남을 것이다. 왓슨과 크릭을 분자유전학의 아버지라고 부른다면, 에이버리는 분자유전학의 할아버지로 불리는 데 아무런 문제가 없을 것이다.

케임브리지에서 실마리가 풀리다

내가 살고 있는 스웨덴에서는 사람들이 점점 한곳에 안주하기를 좋아하고 여기저기 옮겨 다니기를 싫어하는 경향이 커지고 있다. 그래서 과학자들도 자신이 공부하고 졸업한 대학에서 일하기를 바라고, 다른 대학에서 교수 자리를 주지 않는 이상은 움직이려 하지 않는 것이 보통이다.

이에 반해서 미국의 젊은 과학자들은 정반대의 경향을 가진 것 같다. 그래서 이들은 유럽의 과학자들에 비해 훨씬 쉽게 짐을 싸 들고 새로운 개척지로 옮겨 가는데, 이는 아마도 미국 개척자들의 전통을 이어받아 그런 것이 아닌가 생각된다. 박사학위를 마친 후 몇 년 동안의 수련 과정을 거치고도 또 다른 수련 과정을 위해 떠나거나 아니면 몇 년 후를 보장할 수 없는 조교수 자리를 찾아 옮겨 가는 것이다. 이때 미국의 대학 교정에서 흔히 볼 수 있는 차고 세일을 하게 되는데, 이사할 때 가져갈 수 없는 물건들을 미련 없이 헐값에 팔아 버리고는 가족과 짐을 꾸역꾸역 차에 싣고 먼 길을 떠나는 것이다. 어떻게 보면 집시 같은 생활이지만 새로운 곳을 향해서 떠날 때의 흥분 섞인 자극은 인간의 지적인 측면을 넓혀 주는지도 모른다.

이야기는 거의 반세기 전으로 거슬러 올라가, 한 젊은 미국의 박사 후 연구원이 코펜하겐에 도착해 당시 생화학자인 칼카르(Herman Kalckar) 교수의 연구실에서 일을 하게 되면서 시작된다. 그 미국 과학자의 이름은 왓슨(James Watson)이었고, 박사 과정 동안 그의 경험은 미생물학과 유전학에 국한되어 있었다. 그래서 그는 이곳 칼카르 박사 연구실에서 새로이 생화학에 대해 배워 볼 생각이었다. 겉으로 보기에는 실험실을 제대로 정한 것처럼 보였다.

하지만 속사정은 전혀 달랐다. 당시 칼카르 교수는 여러 가지 다른 일 때문에 왓슨을 지도해 줄 여유가 거의 없었고, 더욱이 이 두 사람의 의견 교환도 쉽지 않았다. 칼카르 박사의 영어 실력은 의사소통에 전혀 문제가 없었지만, 그의 덴마크인 특유의 성격이 문제였다. 훗날 왓슨은 유명한 저서인 『이중나선(The Double Helix)』*에서, 그 당시 칼카르 박사와 이해하기 힘든 대화를 나누고 나서 자전거를 타고 집으로 오는 길은 정말 이지 좌절감에 휩싸인 상황이었다고 회상했다.

결국 왓슨은 희망이 보이지 않는 상황에서 탈출하기 위해 큰 결심을 하고, 영국의 케임브리지로 건너가 캐번디시 연구소(Cavendish Laboratory)로 옮기게 된다. 이 연구소는 그 유명한 로렌스 브래그 경(Sir Lawrence Bragg)과 그의 아버지이자 X-선 결정학의 창시자인 윌리엄 브래그(William Bragg) 박사가 운영하던 연구소였다. 다행히 왓슨은 코펜하겐으로 지급되던 그의 장학금을 천신만고 끝에 영국 케임브리지로 옮겨올 수 있게 되었고, 자신도 모르는 사이에 노벨상 수상과 세계적 명성을 얻는 길로 한걸음 다가서게 되었다.

1951년 가을, 캐번디시 연구소에 도착한 왓슨이 처음 만난 사람은 크릭(Francis Crick)이었는데, 그는 제2차 세계대전으로 학업을 중단한 늙다리 대학원생이었다. 그 당시 크릭은 X-선 결정법을 이용해 난백질의 구조를 연구하여 박사학위 논문을 준비하는 중이었다. 그의 학문적 배경은 물리학이었지만 관심은 이론생물학, 특히 생화학과 생물물리학 분야였다. 어떤 분야의 연구는 실제적이고 실험적인 연구를 수행해야 하므로 멋있는 이론을 생각해 내는 것이 그리 중요하지 않은 경우가 있는데, 생화학이 그중 한 분야일 것이다.

또 정반대로 천재적인 이론물리학자가 자신의 두뇌를 이용해서, 요즈

---

* 하두봉 역, 1971. 전파과학사, 서울.

왓슨(James Watson, 1928~2025).

음 같으면 슈퍼컴퓨터 등을 이용해서, 새로운 이론을 발표하는 것은 번거로운 실험이 필요하지 않은 경우일 것이다. 그래서 생화학자라면 실험실의 실험대에서 시험관과 씨름하면서 직접 실험해야 하며, 이론적인 생각만 깊게 해서는 안 되기 때문에, 중요한 것은 얼마나 빨리 이런 실험을 해치우느냐 하는 것이다. 이런 생각에 특별한 예외가 바로 크릭의 경우였는데, 그는 생화학 분야를 연구하면서도 항상 이론적인 것을 생각하는 과학자였다.

이러한 크릭의 지도교수가 된 사람은 페루츠(Max Perutz) 교수로서, 1936년 캐번디시 연구소에 와서 단백질 결정학 분야의 선두 주자가 된 겸손하고도 잘 나서지 않는 아주 훌륭한 과학자였다. 그는 원래 오스트리아 출신이지만 유대인 혈통이었기 때문에 유럽에 있었더라면 아마 히틀러에 의해 학살당했을 것이다.

이런 두 사람, 크릭과 그의 지도교수의 만남은 상상하기조차 힘든 것이었는데, 왜냐하면 두 사람의 성격이 너무나 다르기 때문이었다. 크릭은 항상 자신이 제일 많이 알고 가장 현명하다고 생각하며 과학을 처음 배울 때부터 자신만만해서 지도교수를 존경하지 않는 편이었다. 그래서 그는 항상 자신의 생각을 자랑스럽게 이야기하고 상대의 생각이나 의견을 비판하는 데 서슴지 않았다. 그는 상대가 아무리 유명한 과학자라도 상관하지 않고 비판을 퍼부었다. 실제로 왓슨이 쓴 책의 서두에 보면 "내가 크릭을 쭉 보아 왔지만, 그가 겸손했던 적은 한 번도 없었다"라고 했으며, 많은 사람들이 이 말을 사실로 인정한 것 같았다.

당시 영국의 기념비적 존재였던 브래그 경조차도 크릭의 이러한 비판의 대상에서 벗어날 수 없었다. 크릭은 브래그 경이 있는 자리에서도 브래그 경의 단백질 결정 방법에 대한 의견을 도전적으로 비판했다. 이런 이유로, 초창기 캐번디시 연구소에서 크릭은 연구소 소장 격인 브래그 경의 눈 밖에 났으며, 동료들로부터 따돌림을 당하고 있었다.

특히 브래그 경이 못마땅하게 여긴 것은 세미나 도중에 큰소리로 연사를 비판하는 크릭의 버릇이었다. 더구나 크릭의 목소리는 하도 커서 세미나 연사를 당황하게 만들고 쩔쩔매게 하기에 충분했다. 한 번은 크릭이 세미나 중에 브래그 경 바로 뒷자리에 앉아서 또 큰소리로 비판을 하자, 참다못한 브래그 경이 뒤로 돌아 "크릭 군, 자네는 지금 평지풍파를 일으키고 있네. 제발 좀 점잖게 있기를 바라네"라며 야단을 친 일도 있었다.

크릭은 이렇게 늘 평지풍파를 일으켰다. 하지만 그는 거칠거나 비정한 성격의 소유자는 아니었다. 반대로 그는 영국 신사다운 면도 가지고 있었는데, 자기 생각을 이해하지 못하는 사람들한테만 쉽게 화를 내고 기분 나쁜 표현을 서슴지 않았던 것이다. 이런 크릭이 코펜하겐에서 야반도주해 영국으로 빠져나온 왓슨과 만난 것은 어쩌면 운명이었는지도 모른다. 이들 두 사람은 신기하게도 서로의 단점들을 보완해 주었고 팀워크도 좋았다. 둘은 생각이 독창적이었고 동시에 기존의 권위를 완전히 무시했기 때문에 생물학의 새로운 장을 열 가능성이 있었다.

왓슨과 크릭의 공식적인 연구 테마는 각각 다른 것이었지만, 그 당시

크릭(Francis Crick, 1916~2004).

이들 두 사람이 몰두해서 관심을 쏟은 주제는 DNA의 3차 구조를 밝히는 것이었다. 생물학계는 오랜 시간이 걸리기는 했지만 DNA가 유전 물질이라는 에이버리의 연구 결과를 받아들였고, 마침내 DNA의 구조에 많은 관심이 쏠리기 시작했다.

당시 유명했던 화학자 폴링(Linus Pauling) 박사도 핵산의 구조에 관심을 가지고 있었는데, 그는 단백질 구성 물질인 아미노산의 정확한 구조에 따라 모델을 만들어 본 결과, 단백질에는 알파 나선 구조가 있다는 가설을 생각하고 있었다. 이렇게 나선 구조가 생물체를 형성하는 거대 분자들의 구조가 될 수 있다는 생각은 그 당시 많은 과학자가 하고 있었으므로 왓슨과 크릭은 이를 염두에 두고 핵산의 구조를 풀고자 했다. 이 두 사람이 폴링 박사의 연구로부터 배운 사실은, 단백질의 구조를 알기 위해서는 단백질을 구성하는 아미노산의 구조에 관한 정확한 정보가 있어야 한다는 것으로, 핵산을 구성하는 물질들의 구조, 즉 이들 원자 간의 거리, 결합각도 등을 알면 분자 모델을 만들 수 있다고 생각했다.

이러한 모델이 시시한 것이 아니려면 구조를 이루는 조각들의 구조를 정확하게 파악해야 하고, 이들 구조가 가지는 제한적 요인들을 많이 알수록 더 정확한 모델을 만들 수 있는데, 왓슨과 크릭은 아직 이 부분에 대해 충분히 알고 있지 못했다. 이 시점에서 이 이야기의 비극적이고도 중요한 인물이 등장하게 된다.

한 국가의 정치가 안정되고 발전하면 그에 따라서 문화도 번성할 것이라고 생각하지만, 정치 안정과 문화의 번성은 꼭 일치하지 않을 수도 있다. 그 한 예가 19세기 초의 오스트리아-헝가리 군주국이다. 정치적으로는 끝없이 혼란스러웠고 충돌하기 쉬운 민족 간의 긴장이 흐르는 상황에서도 문화는 한층 번성하여, 게르만 민족의 로마 제국 시대에 기초가 된 합스부르크(Hapsburg) 시대를 이룩한 것이다.

이 군주국의 정치는 금이 갈 대로 가서 금방이라도 허물어질 것 같았는데, 요제프(Franz Joseph) 황제에 의해 간신히 연명하고 있었다. 그는 매일 부패하고 무능한 관료들과 씨름해야 했고, 더 한심한 각료들과 장군들에 둘러싸여 있었다. 국가는 이미 정치적 판단력을 잃었으므로, 오스트리아 열성주의자와 독일 제국의 군국주의로 재앙이 일어나리라는 것을 예측할 수 있었다. 그러나 군주제가 몰락해 가는 와중에 유럽의 문화는 한층 번성했다. 정치적 침몰 가운데 음악, 문학, 과학 분야에서 많은 업적이 쏟아져 나온 사실은 놀라울 따름이다.

1905년 이런 유럽의 한복판인 비엔나에서 샤가프(Erwin Chargaff)는 유복한 유대인 가정의 아들로 태어났다. 그의 아버지는 작은 은행을 소유하고 있었으나 제1차 세계대전에서 모든 재산을 잃고, 독일이 오스트리아를 합병하기 전에 세상을 떠났다. 그의 자서전에서 자상한 모습으로 등장하는 어머니는 1943년 나치 점령 후 수용소에 끌려가 생을 마쳤다. 샤가프는 1930년경에 미국으로 건너와 콜롬비아 대학교에서 생화학 교수가 되었다.

샤가프 박사는 재주가 많고 아주 참신한 젊은 과학자로, 과학 분야 외에 문화에도 관심이 많았고, 특히 유럽의 문화 전통에 깊이 심취했는데

샤가프(Erwin Chargaff, 1905~2002).

이러한 성향은 그의 성격에 잘 드러난다. 그에게는 약간의 지적 오만함과 경쟁 상대를 물고 늘어지는 경향이 있었다. 그가 밝혀낸 중요한 발견은 핵산의 염기들이 서로 상보적으로 이루어진다는 사실이었는데, 그는 이런 사실을 발견하고도 왜 염기들이 상보적이어야 하는지 설명하지 못했다. 따라서 그의 업적은 빛을 보지 못했는데, 그래도 염기의 상보성을 밝힌 것은 샤가프 박사의 업적이었다.

당시 샤가프 박사는 이 염기의 상보성이 DNA의 구조에 어떤 결정적인 역할을 할 것이라고 어렴풋이 알고는 있었다. 그러던 중 1952년에 영국을 방문해 왓슨과 크릭을 만나 이 염기의 상보성이 얼마나 중요한지를 일깨워 주게 된다. 과학사적인 관점에서 보면 이들 세 사람의 운명적 만남은 DNA의 구조를 밝히는 데 천운이었다. 그러나 그 외의 관점에서는 완전한 실패였다. 왜냐하면 샤가프 박사는 이 두 사람을 처음 만났을 때부터 별로 탐탁지 않게 여겼고, 대화를 통해 이늘이 DNA를 이루는 구조물의 자세한 분자 구조에 대해 잘 모르고 있다는 사실에 경악했다. 독일식의 엄격한 교육을 받고 자란 샤가프 박사에게는 용서할 수 없는 일이었으며, 이것은 마치 화학의 기초인 퓨린과 피리미딘의 구조를 모르면서 감히 화학의 대가인 피셔 박사와 과학적인 토론을 하는 것과 같은 일이라고 생각했다.

샤가프 박사는 자신의 결과를 이미 1950년에 발표했는데, 왓슨과 크릭은 이 염기의 상보적 법칙에 대해 잘 알지 못했던 것 같고, DNA의 화학적 성질에 대해 잘 모른다고 시인하기도 했다. 샤가프는 『헤라클레이토스의 불(Heraclitean Fire)』이라는 자서전에서 자신이 케임브리지에서 그들에게 염기의 상보성에 대해 알려 주었기 때문에 그 풋내기들이 DNA의 구조를 밝힐 수 있었다고 주장했다. 샤가프는 자신의 공헌이 제대로 평가받지 못해서 몹시 불쾌하게 생각하고 있었다.

그 책에서 그는 왓슨과 크릭을 미움으로 가득 찬 투로 신랄하게 비판하는데, 크릭을 "한물간 경마장의 몰이꾼 같이 생겼다"고 표현했고, 왓슨에 대해서는 "23살 먹은, 배우지 못한 간교하고도 바보스러운 청년이며 의미 있는 말도 잘 못한다"고 혹평했다. 샤가프의 평대로라면 왓슨과 크릭이 이후에 분자유전학의 대가가 된 사실을 믿기 힘들 정도이며, 이러한 편견에 가득 찬 판단력을 가진 샤가프 박사가 염기쌍의 중요한 개념을 발견했다는 사실도 믿기 힘들다.

샤가프 자신은 '염기의 상보적 법칙'의 구조적 의미를 도저히 설명하지 못한 점을 인정하고 있었다. 어쨌거나 DNA의 이중나선 구조가 밝혀져 획기적인 업적으로 평가되었는데 그 이후에도 샤가프 박사는 계속해서 이러한 훌륭한 업적에 대해 반박하고 믿지 않았으며 경멸하기까지 했다.

샤가프 박사는 왓슨과 크릭이 모델을 만드는 과정에서 중요한 제한 요인을 제공했는데, 이러한 DNA의 구조에서는 염기의 상보성을 설명해야만 가능했다. 이때 필요했던 것이 바로 이런 장벽을 뛰어넘는 기막힌 아이디어였다. 이제는 고등학교에서 생물을 배운 학생이라면 다 알고 있는 이 개념을 자세하게 설명하면, 핵산은 두 가닥으로 이루어지는데 이 두 가닥은 약한 결합력을 가지는 수소 결합으로 연결되어 있다. 수소 결합은 두 개의 원자 간에, 한 개는 주고 다른 하나는 받는 원자로 이루어진다. 그런데 이러한 수소 결합은 두 개의 원자가 같은 평면에 나란히 위치하지 못하면, 그리고 두 원자의 간격이 적당하지 못하면 이루어질 수 없다. 결과적으로 이러한 결합은 상당히 특별하게 이루어지기 때문에 분자 구조가 특별한 조건을 갖추어야만 일어날 수 있다. 그래서 아데닌(A)은 티민(T)과, 구아닌(G)은 시토신(C)과 결합하는 것이 가장 적합하다. 이렇게 두 염기 사이에 쌍을 이루는 것이 DNA의 두 가닥을 연결해 주는 역할을 한다면, 샤가프의 염기쌍 법칙을 설명하는 완벽한 구조적인 원인이 될 수 있는 것이었다. 그리고 이러한 염기쌍이(A와 T, 그리고 G와 C) 두 가닥의 DNA를 지지하여 연결한다는 생각이 바로 왓슨과 크릭의 DNA 구조의 핵심이었다. 이런 핵심적인 생각이 떠오른 후에는 나머지 것들은 비교적 쉽게 풀려 나갔다.

DNA 가닥의 구조가 나선형일 것이라는 생각은 폴링 박사의 단백질 구조 연구에서 이미 지적되었고, 단지 DNA의 경우 이러한 나선의 가닥이 두 개가 있어야 한다고 생각하면 되었다. 여기서 문제는 DNA의 염기들을 어느 위치에 배열하는가 하는 것이었다. 대부분 실제 모델을 만드는 일을 왓슨이 했고, 크릭은 이론적인 면을 도왔는데, 처음에 왓슨은 염기를 이중나선의 바깥쪽으로 배치하려고 했다. 하지만 이런 구조는 어딘가 어설픈 데가 있었다.

당시를 회상하며 쓴 『어떤 정신나간 몰두(What Mad Pursuit)』에서 크릭은 자신이 왓슨을 설득해서 염기의 배열을 바깥쪽이 아닌 안쪽으로 배치하게 되었다고 얘기하고 있다. 염기를 안쪽으로 배치하자 나머지 것들은 제자리를 찾아가게 되었다. 상보적인 염기들이 서로 작용하여 수소 결합을 이루었고 이러한 염기들이 차곡차곡 쌓여 핵산 전체를 안정적으로 유지하는 데 충분했다(그림 3).

마침내 왓슨과 크릭은 모든 면에서 그럴듯해 보이는 모델을 만들었다. 그들에겐 무척 감격스러운 승리의 순간이었을 것이다. 크릭은 집으로 달려가 아내 오딜(Odile)에게 그날 자신과 왓슨이 믿을 수 없을 정도로 중요한 금세기 최대의 발견을 했다고 흥분을 감추지 못하면서 얘기했다. 하지만 몇 년 후 그의 아내 오딜이 크릭에게 고백하기를 그 당시 남편이 큰 발견을 했다는 말을 하나도 믿지 않았다는 것이다. 왜냐하면 크릭은 버릇처럼 매일 집에 돌아오면 믿을 수 없는 큰 발견을 했다고 떠벌렸기 때문이다. 크릭의 아내가 보였던 반신반의하는 태도는 자연과학 연구의 전통과도 비슷한 점이 있다.

이중나선의 구조는 정말 대단한 이론적 탐구의 결과였지만, 그만큼이나 이에 대한 실험적 근거도 절실했다. 바로 그 실험적 근거는 런던에 있던 두 과학자, 윌킨스(Maurice Wilkins) 박사와 프랭클린(Rosalind Franklin) 박사에 의해 얻어진다. 그런데 이 두 과학자는 성격이나 인간관계, 그리고 DNA 문제에 접근하는 방법 등 모든 면에서 왓슨과 크릭과는 전혀 달랐다.

프랭클린과 윌킨스는 당시 런던의 킹스 칼리지(King's College)에서 DNA 가닥의 X-선 회절을 분석하고 있었는데, 이 방법은 결정학과 연관

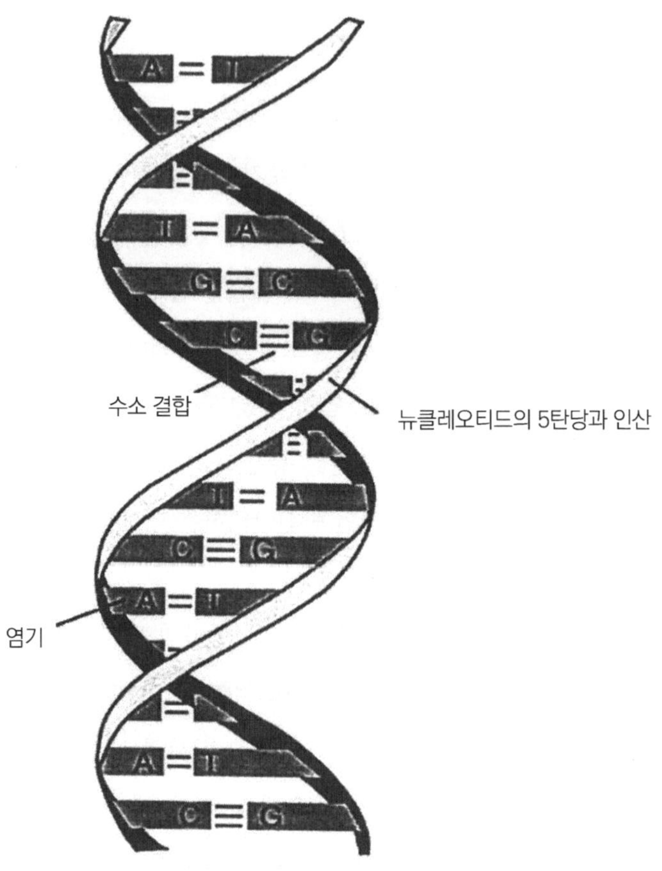

그림 3. DNA 이중나선.

된 기술이지만 결정을 이용하는 것보다 얻을 수 있는 정보가 자세하지 못한 단점이 있다. 하지만 이 두 과학자는 지속적으로 이 방법을 이용해 연구를 수행하고 있었으며, 이들의 공동 연구는 성공적인 결과로 귀결된다.

중산층 이상의 부유한 유대계 가정에서 자라 결정학 연구자가 된 프랭클린은 가족들의 반대를 무릅쓰고 과학자의 길을 택했다. 38세의 아까운 나이에 백혈병으로 세상을 떠난 그녀의 젊은 시절 사진을 보면, 이목구비가 뚜렷한 아름다운 얼굴에 약간 심각한 표정과 함께 슬픔에 잠긴 듯한 모습을 볼 수 있다. 그녀는 연구할 때 그럴듯한 가설을 세워 이론

프랭클린(Rosalind Franklin, 1920~1958).

적으로 생각하는 것을 좋아하지 않았다. 이렇게 공상적인 가설을 세우는 것은 어떤 상황에서는 과학을 한 단계 크게 발전시키는 계기가 되기도 하지만 대부분은 공허한 가설이 되어 웃음거리가 되는 게 다반사다.

그녀는 차분하게 그리고 조직적으로 일하는 것을 좋아하는 편이었고, 따라서 케임브리지의 왓슨과 크릭이 모델을 만드는 방식을 탐탁지 않게 여겼다. 실제로 그녀는 이 두 사람이 신통치 않은 과학자들이고 그들의 모델 만들기를 아이들 장난 정도로 여긴다고 생각했다. 그런데 그녀의 상사였던 윌킨스 박사는 크릭의 친구였고, 프랭클린의 연구 방법이 너무 조심스럽고 상상력이 결핍되어 있다고 생각했다. 이 두 그룹 간의 의견 교환이나 토론은 잘 이루어지지 않았는데, 왜냐하면 프랭클린의 태도가 매우 단호해 모델을 만드는 데 참여시킬 수가 없었기 때문이었다. 그녀는 완전한 실험적 결과 없이는 어떠한 일도 아무 소용이 없는 짓이라고 생각하고 있었다.

크릭이 회상하는 바에 의하면 왓슨이 모델을 완성한 후에 프랭클린 박사의 X-선 회절 실험 결과를 접하게 되었고, 그들은 이 실험 결과가 자신들의 모델이 정확하다는 것을 뒷받침해 준다는 사실을 알게 되었다고 한다. 하지만 이를 비판하는 사람들은 이러한 회절 분석 결과와 모델이 일치하기는 하지만, 여전히 완전하게 증명된 것은 아니라고 의심하고 있었다. 결국 30여 년 후에 인공적으로 합성한 DNA의 결정 구조를 분석하고 나서야 이중나선의 모델이 옳다는 사실을 믿었던 것이다.

이렇게 끝까지 의심하는 과학자들도 있었지만, 이 모델이 1953년

『네이처』에 발표되자 전 과학계가 들끓었다. 이전에 DNA가 유전 물질이라는 사실을 밝힌 에이버리 박사의 발견이 수십 년이 지나서야 다른 과학자들에 의해 인정을 받았던 것과는 너무나도 대조적이었다. 그렇다면 왜 과학자들은 이중나선의 구조가 발표되자마자 쉽게 받아들였을까? 과학자들은 대부분 비판적이어서 쉽게 새로운 개념이나 모델에 매료되지 않는데 유독 이 이중나선 구조는 처음부터 열성적으로 받아들인 이유가 무엇일까?

한 가지 이유는 이 모델이 어떤 새로운 개념보다도 더 많은 지식을 전해 주기 때문일 것이다. 예를 들면 DNA의 생물학적 기능에 대해서나 또 세포에서 DNA가 복제되는 방법에 대해서도 많은 것을 알려 주기 때문이다. 왓슨과 크릭은 그들의 논문에서 "우리가 제안한 DNA 모델은 특이한 염기쌍을 이루는데, 이런 염기쌍은 유전 물질이 어떻게 복제되는지에 대한 기작에 관해서도 해답을 줄 수 있을 것"이라고 했다. 실제로 그들은 한 달 뒤 발표한 두 번째 논문에서 DNA의 복제 기작에 관한 생각을 자세하게 발표했다. 이후에 그들이 생각해 낸 대로 DNA가 복제된다는 사실이 실험을 통해 밝혀졌다.

이렇게 이중나선의 구조가 이른 시일에 성공적으로 받아들여진 데에는 왓슨과 크릭이 가진 '스타일'이 큰 역할을 했으리라고 당시 분자생물학 분야의 대가인 스텐트(Gunther Stent) 박사는 이야기하고 있다. 크릭의 좌중을 압도하는 성격도 그렇고, 모든 이의 눈에 확 뜨이는 모델을 제시한 것도 역시 화끈한 그들만의 '스타일'이었다. 또 하나의 요인은 적당한 시기였다. 모든 사람이 생각하기에 가장 적절한 시점에 이중나선의 구조가 발표되었다는 것이다. 이는 마치 고전적인 연극에서 작가가 복잡하게 얽힌 이야기를 이끌고 나가서 관객들을 흥분과 전율로 자극한 후에, 극적인 순간 어떤 절대적인 존재를 통해 모든 실마리를 풀어헤쳐 이야기를 성공적으로 마치는 데 비유할 수 있겠다.

유전학의 발전을 연극에 비유하면 다음과 같을 것이다. 멘델과 모건, 그리고 에이버리에 의해 유전학 이야기는 시작되며, DNA라는 주인공의 신비에 싸인 정체에 대해 모든 관객의 관심이 집중되었을 때 어디선가 왓슨과 크릭이 나타나서 창조적인 상상과 뛰어난 통찰력으로 베일에 싸인 주인공의 정체를 밝혀내고는 막을 내린다. 그러면 관객들이 환호하고 이에 답하며 연극은 끝이 나고, 이후에 두 사람은 노벨상을 수상하게 된다.

누구도 이 두 사람이 노벨상을 수상한 데 대해 이의를 제기할 수 없을 것이다. 하지만 이렇게 화려하고 눈부신 무대의 한구석에는 두 명의 비극적인 배우들이 있었다. 그 한 명은 38살의 나이로 노벨상 시상식이 열리기 4년 전에 백혈병으로 세상을 떠난 프랭클린 박사였으며, 다른 한 명은 주인공의 정체를 밝히는 데 가장 가까운 곳까지 이르렀지만, 생물학적 영감을 얻지 못해 마지막 결정적인 한 걸음을 내딛지 못한 샤가프 박사였다.

세포는 어떻게 DNA를 복제하는가?

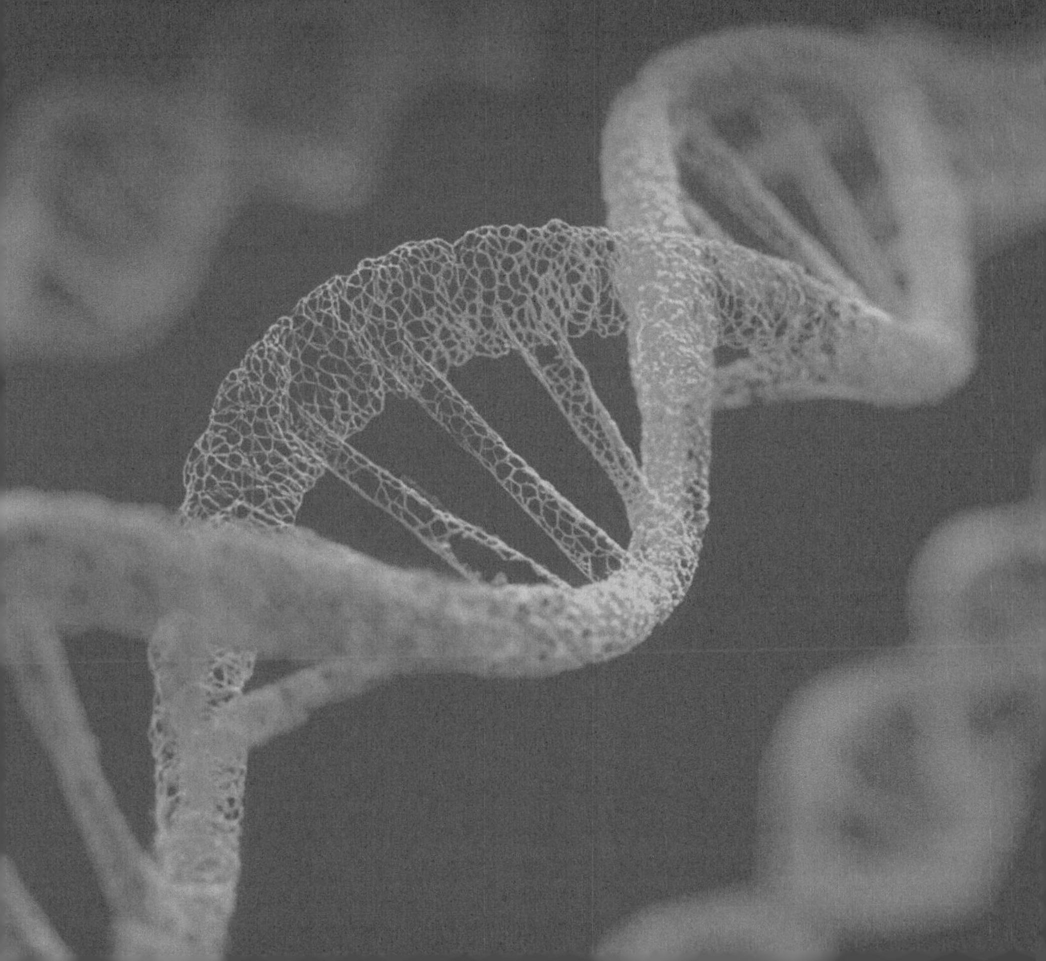

DNA Pioneers and
Their Legacy

세포는 생명 유지에 필요한 아주 방대한 양의 정보를 유전자의 뉴클레오티드 서열에 암호화하여, 세포 분열 때 모세포로부터 딸세포로 전달해야만 하고, 딸세포는 자신을 만든 모세포와 동일한 모든 유전자를 가져야만 한다. 여기서 우리는 그 정확성에 대한 문제점을 제기할 수 있다.

모세포 내에서 세포 분열에 앞서 전체 유전자를 두 배로 늘리는 것, 즉 유전자 복제는 최종 단계에서 딸세포에 전해 줄 모든 유전 정보에는 결코 아무런 변화가 없이 일어나야만 한다. 대장균과 같은 아주 간단한 생물체도 거의 4백만 개나 되는 염기쌍을 가진 환형의 유전자를 가진다. 이렇게 많은 유전자가 복제될 때 복제되는 가닥의 뉴클레오티드 서열에 단 하나의 실수도 없이 복제되는 것은 놀라운 일이다. 세포는 이 일을 할 수 있는 능력을 갖추고 있다. 세포는 극도로 정교한 효소 장치를 지니고 있고, 이 효소 장치는 동일한 유전자 복제품을 만드는 데 조그마한 실수도 충분히 극복할 수 있을 정도로 정밀하다. 세포는 어떻게 이러한 효소

장치를 만들며 그 기능을 수행하는가?

그 해답은 콘버그(Arthur Kornberg)라는 과학자의 업적과 그 가족 이야기, 나아가서는 그가 창안하고 아직도 독특한 개성을 지닌 그의 연구실 이야기에서 풀 수 있다. 그의 두 아들도 유전자 연구에 많은 공헌을 했다. 콘버그의 양친은 제1차 세계대전이 일어나기 전에 오스트리아-헝가리 영토이자 유럽의 반유대인 정서의 심장부인 갈리시아로부터 미국으로 이주했다. 중동부 유럽에서의 반유대인 정서는 15세기 말에 스페인 등지에서 유대족과 무어족을 축출해 유럽 대륙에 지식인 고갈을 초래한 것을 돌아볼 때 참으로 아이러니하다.

유럽 유대인들의 미국 대이주는 미국 과학의 급속한 성장에 크게 공헌했다. 예를 들면, 세계적으로 유명한 스탠포드 대학교(Stanford University) 생화학과의 콘버그 교수는 다양한 분야의 특색 있는 과학자들을 불러 모았다. 즉 미국 상위권 대학의 유사 학과에서도 나타나듯이 다수의 뛰어난 재능을 지닌 사람들이 모이고, 같은 학과 구성원들과도 상호 지적인 교류를 심도 있게 나눌 수 있게 된다. 여기에 천부적으로 타고난 재능을 지닌 사람들의 구심점이라는 느낌, 구성원 상호 간의 융화, 그리고 뛰어난 과학자들이 항상 한곳에 집중되지는 않는다는 생각 등으로 인해 한정된 공간에 많은 사람들이 구름같이 모였다.

가난한 유대인 소년이 브루클린에서 스탠포드로 머나먼 길을 떠났다. 콘버그의 부모는 자신들은 그렇게 살지 못했지만, 자식에게는 공부할 기회를 주기 위해 많은 어려움을 감내했다. 먼저 콘버그는 뉴욕의 로

체스터 대학에서 의학을 공부했다. 의과대학의 주임교수인 휘플(George H. Wipple)은 콘버그에게 종종 반유대인 감정을 드러냈는데, 50년이 지난 후에 콘버그는 자서전인『효소에 대한 열정(For the Love Enzyme)』에서 그 비통함을 회고했다.

콘버그는 제2차 세계대전 중에 워싱턴 북부 메릴랜드에 있는 미국 국립보건원으로 자리를 옮겼다. 오늘날에도 국립보건원은 많은 과학자들이 몰려들고, 생의학 연구의 세계적인 중심부로 꼽히고 있다. 여기서 콘버그는 뉴클레오티드 생합성에 대한 일련의 연구를 시작해 세계적으로 유명한 인사가 되었고, 세인트루이스에 있는 워싱턴 대학교(Washington University)의 미생물학과 주임교수로 가게 된다. 그곳에서 그는 왓슨과

콘버그(Arthur Kornberg, 1918~2007)와 그의 가족.

크릭이 그 당시 막 발표한 DNA의 이중나선 구조와 DNA 복제에 관련된 분야에 흥미를 느끼게 된다.

과학자들은 대개 두 부류로 나뉘는데, 첫째는 스키 회전 경기하듯이 과학의 여러 분야를 두루 연구하는 부류로서 비교적 짧은 시간에 광범위한 분야를 섭렵하고 다방면에 박식함을 보여 준다. 이러한 부류는 감동을 주기도 하지만, 다소 피상적인 지식만을 얻을 수도 있다. 다른 부류는 하나에만 집중하는, 즉 자신이 선택한 문제를 완전히 해결할 때까지 끊임없이 연구하는 스타일이다. 콘버그는 의심의 여지 없이 두 번째 부류에 속한다. 40여 년 넘게 DNA 복제를 연구했고, 그 기간 내내 그는 경쟁이 치열한 이 분야에서 항상 선두 주자였다.

콘버그 박사는 DNA 복제의 실험 대상으로 대장균을 선택했고, 먼저 복제에 필요한 모든 효소를 지니는 세균의 추출물에서부터 연구를 시작했다. 그는 방사선 동위 원소로 표지된 DNA의 전구물질이 어떻게 DNA 합성 때 DNA의 한 부분으로 끼어들어 가는지 조사했다. 이 방사능 물질이 DNA로 들어가는지를 확인하는 것은 쉽지 않았으나 연구는 끈질기게 계속되었고, 그는 마침내 완전한 과정을 알아냈다. 예를 들면, 디옥시뉴클레오티드가 DNA로 중합이 되기 위해서는 화학 반응에서 에너지를 전달하는 인산기를 3분자 가지고 있어야 한다. 즉 3인산디옥시뉴클레오티드만이 DNA 합성에 참여할 수 있다. 또한 3인산뉴클레오티드를 DNA에 결합하는 DNA 중합 효소와 이 반응에 주형으로 작용하는 DNA 분자가 있어야 한다. 즉 효소는 주형 DNA의 뉴클레오티드 서열에 맞게

DNA 분자를 정확하게 복사할 수 있도록 DNA 주형의 정보를 이용한다 (그림 4). 이는 적어도 그 당시에 이용할 수 있는 매우 기본적인 분석 방법으로 알아낸 것이었다. DNA는 자기의 생합성을 지시한다는 이 이론은 매우 고무적이었고, 스탠포드 연구진은 올바른 연구 방향을 찾았다고 볼 수 있었다.

콘버그 박사는 수년간에 걸친 연구 끝에 DNA 중합 효소를 순수 분리했고, DNA 복제 효소로서의 여러 가지 작용에 대한 정보들을 얻게 되었다. 마침내 1959년에 콘버그 박사는 오초아(Severe Ochoa) 박사와 공동으로 노벨 생리의학상을 수상했고, 그와 동시에 세인트루이스로 거처를 옮겼다.

1960년 내가 그곳을 방문했을 때, 그곳이 곧 생화학의 메카임을 알았다. 우리 모두가 신성시하는 과학이라는 신이 있고, 콘버그 박사는 예언자이며, DNA 중합 효소에 모두가 감사하고 있다는 인상을 받았다. 콘버그 박사의 동료인 버그(Paul Berg) 박사와 함께 전혀 다른 분야를 연구하는 저자로서도 연구실원 모두에게 비치는 DNA 중합 효소의 영광스러움을 의심할 여지가 없었다. 우리 모두는 이 놀랄 만한 효소에 관한 연구가 진행되는 것을 흥미롭게 지켜보고 있었다. 그러나 안타깝게도, 태양에도 흑점이 있듯이 DNA 중합 효소에도 약점이 있었다.

실험 방법에 있어서 충분한 양의 DNA를 합성할 수 있는 충분한 양의 효소를 분리하기가 어려웠다. 더욱이 합성되는 DNA와 가닥이 풀리는 지점을 전자현미경으로는 관찰하기가 어렵고, 또한 자연 상태의 DNA에

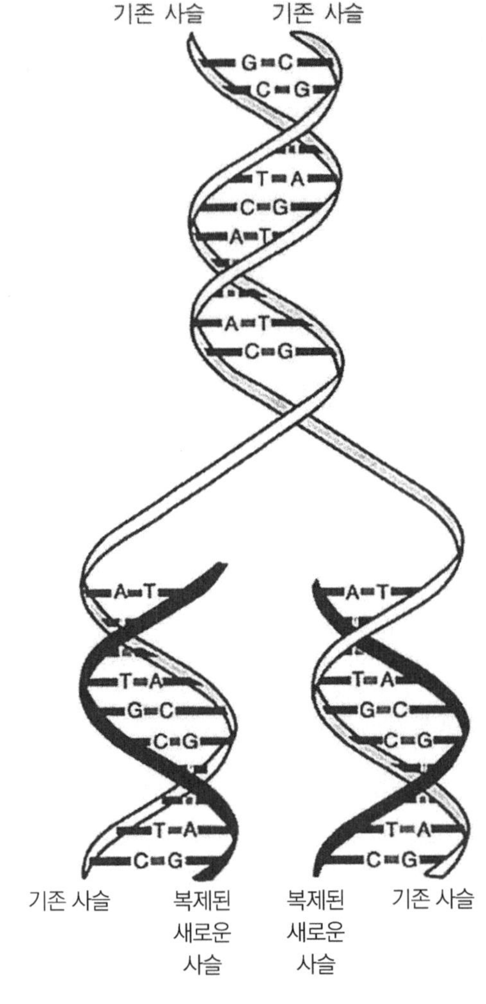

그림 4. DNA 이중나선의 반보존적 복제.

서는 결코 관찰되지 않는 가지 친 DNA가 시험관에서는 종종 합성되곤
했다. 더 큰 문제는 효소로 합성한 DNA가 유전적인 활성을 가진다는 사
실을 증명할 방법이 없다는 것이었다. 예를 들어, 바이러스에서 직접 분
리한 바이러스 DNA는 쉽게 다른 숙주에 감염이 되지만, DNA 중합 효
소로 합성한 바이러스 DNA는 감염이 용이하지 않았다. 따라서 이 효소
가 주형 DNA에서 생물학적인 활성이 결여된 DNA 유사 분자를 합성하
지 않는지 의심하기 시작했다.

DNA 중합 효소가 DNA를 복제하는 효소가 아니라면, 세포 내에서
주된 기능은 손상된 DNA를 회복하는 것인가? DNA 중합 효소 반응을
수행하기 전에 DNA 절단 효소로 주형 DNA에 틈새를 만들어 두면, 이
후 중합 효소 반응이 일어나는 것을 관찰할 수 있으며, 이를 통해 그러
한 가능성을 유추할 수 있다. 콘버그 박사의 생각이 틀릴 가능성도 있지
만 그는 포기하지 않았다. 만약에 DNA 중합 효소가 단일 가닥의 환형
DNA를 복제한다는 것을 증명하거나 자유 말단이 없는 주형 DNA에 대
한 복제 현상을 좀 더 간단하게 설명할 수 있다면, 그의 이론은 맞는 것이
었다.

우리도 알고 있듯이 DNA는 왓슨과 크릭이 주장한 이중나선 구조이
다. 그리고 우리는 '예외 없는 규칙은 없다'는 것도 알고 있다. 그렇다면
DNA의 이중나선도 마찬가지일 것이다. 캘리포니아 공과대학에 있는 뛰
어난 생물리학자 신샤이머(Robert Sinsheimer) 박사는 한동안 ∅X174
라는 박테리아에 기생하는 바이러스인 박테리오파지를 연구하고 있었

다. 원래 그는 ∅X174가 다른 파지에 비해 현저히 작다는 사실에 흥미를 느꼈다. 그의 연구로 이 박테리오파지는 다른 파지와는 전혀 다르게 약 5,000개의 뉴클레오티드로 구성된 단일 가닥의 환형 DNA 분자를 가졌다는 사실이 밝혀졌다. 이 파지는 숙주인 대장균으로 들어가면 단일 가닥 DNA가 복제 형태인 이중 가닥으로 전환되는데, 이는 숙주 세포에서 복제 과정을 통해 하나의 복제품을 합성했음을 말해 준다. 그렇다면 DNA 중합 효소로 시험관 내에서 이 반응을 재현해 보면 DNA 합성 과정을 상세히 알아낼 수 있지 않을까?

콘버그 박사는 신샤이머 박사와 공동으로 DNA 중합 효소가 단일 나선의 ∅X174 DNA를 이중나선 DNA로 복제한다는 사실을 입증했다. 문제는 DNA 중합 효소가 합성된 DNA 사슬의 양 말단을 연결하여 환형 분자로 만들지는 않는다는 점이다. 다행히 같은 시기에 콘버그 박사의 공동 연구자인 레만(Robert Lehman) 박사가 DNA 중합 효소와는 작용이 다른 DNA 리가아제(DNA 연결 효소)를 발견했다. 결국 1967년에 이 두 효소를 혼합하여 합성한 환형 단일 가닥 DNA가, 파지에서 일어나는 것과 마찬가지로 대장균을 감염시키고 생물학적 활성을 지님을 입증했다.

이 결과는 그 당시 아주 놀라운 반향을 일으켰다. 왜냐하면 시험관에서 인공적으로 합성한 DNA가 생명체로서의 완벽한 기능을 발휘했기 때문이다. 미국 내 다른 유명 대학에서와 마찬가지로 스탠포드에 있는 공공 기관에서도 큰 축제가 열렸다. 급기야 백악관에서도 존슨 대통령이 직접 콘버그 박사를 찾아와서 이 놀라운 실험 결과에 대한 성공을 치하했다.

　그러나 이런 성공적인 결과는 조그마한 하나의 의문으로 인해 큰 손상을 입게 된다. 1969년 영국의 유전학자 케언스(John Cairns)가 DNA 중합 효소가 없는 돌연변이 대장균 균주를 분리했다고 발표한 것이다. 이 돌연변이 대장균은 자외선에 의해 손상된 DNA를 회복하는 기능에만 이상이 있었지 다른 문제는 없었다. 이 연구 결과는 DNA 복제 연구 분야에 하나의 폭탄과 같았다. 결국 DNA 중합 효소는 DNA 복제와는 아무런 관련이 없고, 복제 기능 장치 없이도 생명체가 살 수 있다는 말인가! 복제 효소가 소실된 돌연변이는 생명을 유지할 수 없는데, 어떻게 케언스가 분리한 돌연변이 대장균은 살 수 있는가? 콘버그 박사의 DNA 중합 효소는 단지 DNA 회복 효소라는, 결코 피할 수 없는 결론에 도달하게 된다.

　이제까지 아낌없이 찬사를 보내던 사람들이 등을 돌리기 시작했다. 최고의 과학 잡지 『네이처』도 콘버그 박사의 연구 결과를 격하하는 여러 편의 논문을 내놓았다. 그러나 콘버그 박사는 굴복하지 않고 케언스의 돌연변이 대장균의 새로운 문제점에 관한 연구를 계속했다. 흥미롭게도 중요한 단서를 제공한 과학자가 있었으니 바로 그의 아들 톰(Tom)이었다.

　콘버그 박사의 가족들은 그에게 큰 도움을 주었다. 아내 실비(Sylvy)는 이미 수년 동안 실험실에서 같이 일했고, 아내로서 뿐만 아니라 생화학자로서 그에게 많은 영향을 미쳤다. 내가 콘버그 박사 집에서 그의 세 아들을 처음 본 후 벌써 35여 년의 세월이 지났다. 당시에는 평범한 소년들이었지만 이제 로저(Roger)는 염색질과 RNA 전사 과정에 관한 연구로 국제적인 명성을 얻었고, 톰은 DNA 복제와 발생생물학 분야에서 두각을 나타내고 있다. 그리고 켄(Ken)은 건축가로서 비교적 평범한 삶을 살고 있다.

톰은 일찍이 음악에 재능을 보여 뉴욕 줄리아드 음악학교에서 첼로 연주가로 교육을 받았다. 동시에 그 아버지의 그 아들답게 콜롬비아 대학에서 생물학과 화학 교과 과정을 이수했으나 불행하게도 왼손에 신경성 종양이 생기는 바람에 첼로 연주를 할 수 없게 되었고, 결국 생화학 공부에 집중하게 되었다. 톰은 콜롬비아 대학의 게프터(Malcolm Gefter) 박사와 공동 연구를 시작해 아주 짧은 시간에 DNA 중합 효소 II와 III라는 새로운 DNA 중합 효소를 분리하는 데 성공했다. 일반적인 효소 명명법에 따라, 콘버그 박사가 처음 발견한 DNA 중합 효소를 DNA 중합 효소 I 이라고 칭한다. 이제는 톰이 발견한 DNA 중합 효소 III가 실제적인 DNA 복제 효소이며, 이 효소는 많은 소단위체로 이루어진 아주 복잡한 구조로 되어 있음이 밝혀졌다. 세포가 자신의 유전자를 복제하는 과정을 한 편의 드라마로 본다면, 이 난해하고 아직도 그 기능이 완전히 밝혀지지 않은 복제 효소는 주연 배우라고 볼 수 있다.

콘버그 박사는 DNA 복제에 관한 문제점을 다시 연구하면서, 세 개의 DNA 중합 효소 중 어느 것도 새로운 DNA 사슬의 합성을 개시하지 못한다는 사실을 알게 되었다. 이들 효소는 시발체라 불리는 짧은 단편이 있어야 사슬을 연장해서 합성할 수 있다. ØX174 DNA의 복제 실험에 성공한 것도 반응 혼합물에 시발체로 작용하는 대장균 DNA의 짧은 단편이 있었기에 가능한 일이었다. 세포 내에 있는 다른 효소들도 DNA로부터 방향을 지시받아야만 뉴클레오티드의 새로운 사슬을 합성하기 시작하고, DNA 중합 효소가 다음 역할을 담당한다. 콘버그 박사는 이러한 역할을 하는 효소가 이미 10여 년 전에 밝혀진, DNA로부터 RNA를 합성하는 RNA 중합 효소의 일종인 RNA 프라이메이즈(primase)임을 알아냈다. 다시 말해서, 합성되는 각 DNA 사슬은 RNA 프라이메이즈에 의해 만들어진 짧은 RNA 단편에서 복제를 시작한다(그림 5).

또 다른 문제는 DNA 분자의 두 가닥이 같은 방법으로 복제되지는 않는다는 것이다. DNA가 이중나선의 구조이므로 사슬 중 하나는 복제 과정에서 연속적으로 합성이 되지만, 다른 한 가닥은 짧은 DNA 단편으로, 불연속적으로 합성되어 나중에 서로 이어지게 된다. 1967년 생화학자인 일본의 오카자키(Reiji Okazaki) 박사는 DNA 복제 과정의 중간 산물로서 이러한 단편들이 만들어진다고 발표했다. 그는 이 연구 결과로 일약 유명 인사가 되었지만, 불행하게도 45세의 나이에 백혈병으로 요절하고 말았다. 1945년 8월 6일 오전 9시 15분 마의 월요일, 오카자키 소년은 원자 폭탄이 투하된 히로시마의 바로 그 현장에서 부모가 화염 속으로 사라지는 모습을 보았다. 통계학적으로 볼 때 백혈병에 걸릴 확률이 원자 폭탄 속에서 살아남을 확률보다 더 높지는 않을 텐데, 참으로 애석한 일이다.

각 오카자키 단편은 짧은 RNA 조각에서부터 합성이 시작되어야만 한다. 그러나 세포에서 분리한 DNA에는 RNA가 없다. 그렇다면 RNA

단편이 제거되고 그 부분에 DNA로 대치되는 기작이 필요하다. 이때 DNA 중합 효소 Ⅰ이 관여한다. 우리가 처음 생각했던 작용과는 다르지만, 이 효소는 복제 과정에서 DNA 회복에 관여하는 효소로서 손상된 DNA를 수선하는 중요한 일에 관여한다. 다음으로 오카자키 단편을 서로 이어 연속적인 사슬로 만드는 것이 DNA 리가아제이다. 콘버그 박사가 ∅X174 실험에 사용했던 DNA 중합 효소 Ⅰ과 DNA 리가아제의 작용은 실제로 DNA 복제 과정의 일부분에 불과하다. DNA 복제 과정은 우리가 처음 예상했던 것보다 훨씬 복잡한 과정임이 판명되었다. 지금은 대장균에서조차 DNA 복제에는 또 다른 많은 효소가 필요하다는 것을 알고 있다(그림 5).

40여 년이 넘게 DNA 복제에 관한 연구를 수행한 콘버그 박사는 이 분야에서 중심 역할을 했다. 최근에는 복제 개시를 조절하고 지시하는 기작들에 대한 새로운 결과들을 발표하고 있다. 덕분에 우리는 세포가 분열하기 위한 전제 조건으로, 복제를 언제 시작하고 어떻게 진행하는지를 이해하게 되었다.

콘버그 박사를 존경하는 전 세계 사람들은 그를 살아 있는 위대한 생화학자라는 뜻에서 '아더왕'이라고 부른다. 사람들은 그가 어떤 사람이며 무엇이 그를 성공으로 이끌었는지 궁금해한다. 콘버그 박사는 강한 개성을 지닌 사람이다. 유명한 미국의 국무장관이었던 키신저(Henry Kissinger) 박사는 자서전에서 드골 대통령과 처음 만났을 때의 느낌을 다음과 같이 적고 있다. "방 안에 있는 모든 사물과 사람들이 어떤 신비스러운 자연의 힘으로 드골 대통령 쪽을 향하는 것 같은 느낌을 받았다.”
어떤 이는 이와 비슷한 감정을 콘버그 박사의 방에서 느낄 수 있었다고
전하기도 한다.

콘버그 박사는 때로 주위를 압도하고 두려움을 느끼게 하는 사람이었
지만, 동시에 내면에서 우러나오는 인간적인 따뜻함과 배려심도 가진 인
물이었다. 원인을 알 수 없는 정신 질환으로 고생하던 동료의 아내를 직
접 병원에 입원시키고 최상의 치료를 받도록 도운 일화는 유명하다. 이

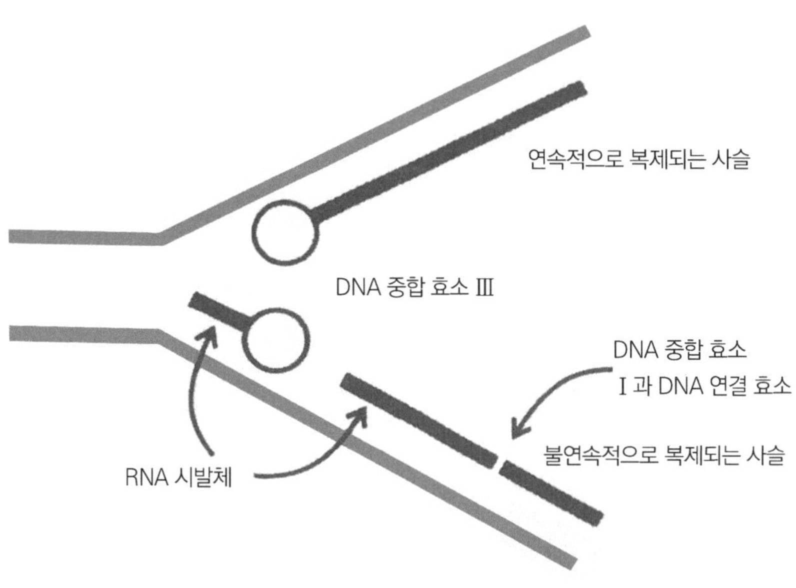

그림 5. 대장균 DNA의 복제 기작.

는 말처럼 쉬운 일은 아니다. 나 역시 일생 동안 수많은 위대한 사람들을 만났지만, 그들 중 대다수가 잘 모르는 사람에게까지 그런 친절을 베풀지는 않을 것이다.

콘버그는 자서전인 『효소에 대한 열정』에서 과학자로서의 자신의 삶에 대한 이야기를 많은 지면에 걸쳐 적고 있다. 그는 "내가 성취한 업적 중에서 가장 중요한 것은 무엇인가?" 하고 자문한다. 혹자는 그가 성취한 연구 결과 중 하나일 것이라고 예상하겠지만, 아니다. 그는 자신에게 가장 중요한 성취는 스탠포드 대학교에 생화학과를 설립한 것, 그리고 그 학과가 특유의 전통을 유지하고 있는 것이라고 했다. 아마도 그가 옳을 것이다. 어떤 업적이든 간에 아직 뛰어난 연구 결과를 얻지는 못했지만, 한 세대에서 다음 세대로 학문의 계승에 최선을 다하는 우리 모두에게 용기와 희망을 주는 것이어야 한다.